초미니 식물 키우기

초미니 식물 키우기

발행일 2023년 1월 10일 초판 1쇄 발행
지은이 레슬리 F. 할렉
옮긴이 최영은
발행인 강학경
발행처 시그마북스
마케팅 정제용
에디터 신영선, 최연정, 최윤정
디자인 김문배, 강경희

등록번호 제10-965호
주소 서울특별시 영등포구 양평로 22길 21 선유도코오롱디지털타워 A402호
전자우편 sigmabooks@spress.co.kr
홈페이지 http://www.sigmabooks.co.kr
전화 (02) 2062-5288~9
팩시밀리 (02) 323-4197
ISBN 979-11-6862-093-3 (13520)

초미니
식물
키우기

레슬리 F. 할렉 지음

최영은 옮김

시그마북스
Sigma Books

차례

프롤로그

내가 초미니 식물에 언제부터 이렇게 빠져들었는지 곰곰이 생각해보면 야생에서 초미니 난초가 꽃을 피운 모습을 처음으로 직접 보게 되었을 때였던 것 같다. 당시 나는 대학 졸업 후 루퀼로 장기생태연구(LTER) 프로그램에서 인턴십을 하기 위해 푸에르토리코에 있었다. 그리고 엘윤케열대국립공원에서 지내며 1989년 열대우림을 초토화시켰던 강력한 허리케인 휴고의 영향을 연구하는 팀에서 보조로 일했다. 하루는 바위가 많은 지역에서 데이터를 수집하던 중 핑크빛이 도는 붉은색 점 같은 것이 언뜻 보였다. 가까이서 살펴보니 점이 아니라 놀랄 정도로 작은 난초였다. 그 순간 내 마음속에는 설렘이라는 싹이 트기 시작했다.

그 녀석들은 애기장화난초(르펜데스 루페스트리)라는 초미니 난초이며, 암생식물로 자라고, 푸에르토리코의 라퀼료 산에서만 발견된다. 2.5cm 크기의 초미니 잎 위에는 밀리미터 단위로 재야 하는 꽃이 우아하게 자리 잡고 있었다. 이 식물을 본 순간 그 자리에서 폴짝폴짝 뛰었던 것으로 기억한다. 멋진 식물이나 동물을 야생에서 발견할 때마다 하는 버릇이다. 어쨌든 바로 그때부터 나는 모든 조그마한 것들에 완전히 빠져버렸다. 그 후 몇 달간 공식적인 연구 업무 외에는 초미니 난초와 양치식물을 찾고 연구하는 데 모든 시간을 보냈다. 아마존 정글에 더 깊숙이 들어가고 에콰도르의 열대우림과 높은 화산도 탐험하며, 그곳에 서식하는 가장 작은 식물을 찾는 것에 온 신경을 집중했다.

그리고 초미니 난초와의 첫 만남 이후 몇 년 뒤 비바리움을 만들기 시작했다. 안에 독화살개구리와 다른 파충류를 넣고 키우다 보니, 강렬한 비바리움이란 환경에 어울리는 작으면서도 타 생물체와 동거하기에 적당한 식물이 필요하다는 생각이 들었다. 일단 초미니 동물을 위한 비바리움을 만들기 시작하면 필연적으로 초미니 식물에도 깊게 빠질 수밖에 없는 것 같다.

전문 원예가이자 평생 식물 수집가인 나는 거의 모든 것을, 거의 모든 장소에서 키워봤다고 자부한다. 기숙사, 대학가 아파트, 월세방, 크고 작은 텃밭, 옷장, 차고, 테라리엄, 그로우 텐트 등 수도 없이 많다. 중독성 강한 가드닝이 취미가 되어버리는 순간이 바로 실내식물을 키우기 시작하면서부터가 아닐까 생각한다. 대학을 다니며 원예용품점에서 일할 당시 내 방은 상점에서 가져온 식물로 가득 찬 상태였다. 다행히 룸메이트인 킴벌리와 젠은 나의 식물 집착을 잘 이해해주는 편이라 창가에 식물이 가득한 상태에 대해 심하게 불평하지 않았다!

나의 다양한 원예 방식과 식물에 대한 집착의 강도는 오르락내리락했다. 몇 년은 채소밭과 벌통에 완전히 빠져 있었고, 몇 년은 어떻게 하면 관상용 정원에 구근식물이나 복숭아색 잉글리시 로즈를 종류별로 모두 심을 수 있을지를 고민했다. 그렇지만 결국에는 언제나 실내식물에 대한 사랑으로 관심이 되돌아왔고, 그중에서도 초미니 종을 수집하는 일은 평생의 즐거움이었다. 그리고 이제 당신도 그런 즐거움을 누리게 되기를 바란다.

→ 이 사진 하나를 찾으려고 필름을 모아둔 오래된 상자를 한참 뒤져야 했다. 비록 흐릿해 보이긴 하지만 내가 애기장화난초를 직접 마주했던 순간을 찍은 원본 사진이다.

들어가는 말

나와 함께 초미니 식물의 환상적인 세상을 살짝 들여다보지 않겠는가?
실내 창가 또는 유리 용기에서 키울 이 조그만 귀요미들을
어떻게 수집하고 돌봐야 할지 배워보자.

실내식물은 실내 분위기를 평온하게 만들어주면서 동시에 스타일까지 완성시킨다. 그래서 많은 식물 집사들이 보물이나 다름없는 식물의 사진을 수백 번씩 찍고 세심하게 선별해 소셜미디어 피드에 가득 채운다. 과연 초미니 실내식물보다 더 귀엽고 사진발을 잘 받는 게 있을까?

귀여움을 빼더라도 이런 식물은 장소와 시간의 제약이 있는 식물 재배가에게는 완벽한 선택이 될 것이다. 지금 아파트나 작은 집에 살면서 그렇지 않아도 복잡한 창가에 커다란 식물들을 쑤셔 넣느라 고전하고 있지는 않은가? 만약 집 내부가 어둡다면 충분한 빛이 들어오는 창가 자리는 언제나 많은 식물로 북새통을 이룰 것이다. 아니면 당신이 근무하는 작은 사무실에 자연을 옮겨오고 싶지는 않은가? 책상 구석에 초록빛을 더하는 식으로 말이다. 성체가 그렇게 큰지 몰랐던 몬스테라와 필로덴드론이 넓은 공간을 다 차지해버렸다면 초미니 식물은 약간의 자리만을 요구하며 당신의 식물 수집에 대한 열망을 조용히 채워줄 것이다.

좁은 공간에 수백 개의 식물을 둘 수 있다고 한번 상상해보라.

잘 알려진 몇몇 소형 다육식물 외에도 사실 초미니 실내식물의 수는 생각보다 상당히 많아서 대부분의 식물 집사에게는 생소한 세계일지도 모른다. 우리가 직접 구할 수 있는 초미니 종만 해도 수십만 가지다. 그중에서 내가 사랑하는 몇 가지 개성 강한 초미니 종을 여기에 소개하고자 한다.

앞으로 우리는 초미니 식물의 진화 방식을 포함한 이들의 대략적인 내용과 실내에서 돌보는 방법을 먼저 간단히 살펴볼 것이다. 그리고 창가와 유리 용기에서 키울 수 있는 다양한 종류의 초미니 열대 관엽식물, 난초, 다육식물 등을 만나볼 것이다.

정말 작은 필로덴드론에서부터 초미니 신닌기아가 피우는 우아한 꽃, 세계에서 가장 작은 식충식물까지, 당신은 분명 실내식물 수집 목록에 필수적으로 넣어야 할 녀석들을 이 책을 통해 다수 발견할 수 있을 것이다. 심지어 이런 귀여운 녀석들로 실내를 창의적으로 꾸미는 즐거움까지 느낄 수 있을지도 모른다.

초미니 식물을 수집하고 돌보는 일은 누구나 할 수 있는 독특하면서도 보람찬 취미가 될 수 있고, 공간의 크기나 경험치는 그리 중요하지 않다. 당신이 실내식물 키우기를 처음 시작하는 초보자이든 계절에 따라 식물을 수집하며 즐거움을 느끼는 사람이든 상관없이 이 책은 원하는 정보를 제공하고 영감을 불어넣어줄 것이다.

→ 통발과에 속하는 땅귀개 리비다가 찻잔에서 군집을 이루며 쑥쑥 자라고 있다.

1

식물학 관점에서 살펴보는 초미니 식물

초미니 식물에는 비현실적인 신비로움이 숨겨져 있다는 사실을 아는가? 야생에서 흔히 간과되는 이 자그마한 친구들이 일단 눈에 들어오기 시작하면 자연계와 생태계의 완전히 새로운 문이 열리게 된다. 식물 자체의 매력도 매력이지만, 이 식물들이 가진 극단적 귀여움은 식물 수집가들에게는 저항할 수 없는 강력한 무기라고 할 수 있다.

초미니 식물의 종류는 매우 다양하다. 하지만 시중에는 자연적으로 진화한 식물만 있는 것은 아니다. 선별된 품종(돌연변이)도 있고, 작은 크기를 유지하기 위해 따로 관리 중이거나 이종교배한 품종도 있다. '초미니'나 '미니'라는 명칭이 양친 또는 친척 종의 평균 크기에 비례해서 붙여진 식물도 있다. 어쨌든 나 역시 초미니 식물을 사랑하는 사람이니 이 모든 범주를 통틀어 다루고자 한다.

일부러 야생에서 자라는 종보다 더 작게 키우는 식물도 있다. 문화적인 관행의 하나로, 가지를 많이 쳐서 발육을 촉진하는 방식(강전정)을 사용하기도 하고 화학적 성장 억제제를 사용하기도 한다. 그러나 가지치기를 그만두고 더 큰 용기에 심거나 화학 처리를 하게 되면 평소 성장 패턴으로 돌아가 정상적인 크기로 자라게 된다. 온라인이나 소셜미디어 피드를 찾아보면 '초미니' 식물의 모종이나 개화 전 단계의 어린 식물을 쉽게 볼 수 있다. 이런 식물은 어느 정도 시간이 지나거나 다 자라게 되면 크기가 훨씬 커진다. 나도 물론 분재같이 인위적으로 식물을 축소하는 방식을 정말 좋아하지만 이 책에서는 다루지 않을 생각이다.

우선 이 작고 깜찍한 식물들에 대해 자세히 살펴보고 난 후 당신이 가꿀 초미니 식물의 종류와 재배 방식을 알아보도록 하자. 이 녀석들은 다양한 기후와 지리적 위치에서 여러 형태로 자라고 있다. 본 책에서는 육상식물, 착생식물(식물의 표면이나 노출된 바위면에 붙어 사는 식물-옮긴이), 암생식물(바위에 붙어 사는 식물-옮긴이), 수생식물로 나누어 살펴보겠다.

초미니 식물의 진화

엄지손톱만 한 크기의 초미니 식물, 아니면 핀 머리만 한 꽃의 매력에 한 번 매료되면 어떻게 이토록 조그만 생물이 존재할 수 있을까 하는 궁금증이 생길지도 모른다. 수많은 생물체가 최대한 크기를 키워서 진화해오는데 이렇게 조그마한 크기가 도대체 무슨 이점이 있으며, 어떻게 지금까지 살아남을 수 있었을까?

자원과 좋은 환경을 차지할 수 있는 경쟁에서는 크기가 클수록 유리하다는 것이 식물 진화의 전통적인 원칙이다. 즉 식물이 크면 생존할 확률이 더 높아진다는 말이다. 하지만 최근 주목받고 있는 연구에 따르면, 작은 종이 대부분의 환경에서 큰 식물과 함께 존재하고 있으며, 그 수는 큰 종을 넘어선다고 한다.

식물이 수천 년 넘게 진화해오면서, 식물 자체의 크기 외에 잎의 크기 역시 성공적인 진화의 핵심 열쇠였다. 생존에 필요한 만큼의 광합성을 하기 위해 잎은 적정 크기까지 자라야 했다. 너무 커도 잎의 기공으로 많은 물이 기화할 수 있어서 불리하다.

적도에 사는 식물은 일반적으로 건조한 기후에 사는 식물보다 큰 잎을 가지고 있다. 그리고 적도에서 멀어질수록 그 크기는 점점 작아진다. 식물학자들은 이런 현상을 보고 높은 수분 이용률과 습도를 자랑하는 적도

↑ 초소형 피그미 끈끈이주걱 라시안타는 습하고 따뜻한 열대 지방이나 아열대 지방에서 자란다.

← 기도하는 식물이라는 별칭을 가진 마란타 레펜스가 6cm 크기의 화분에서 자라고 있다. 20cm 화분 속에 있는 일반적인 크기의 화살깃파초 옆에 놓으니 더욱 작아 보인다.

← 피그미 끈끈이주걱 파텐스와 옥시덴탈리스 교배종의 꽃을 돋보기로 확대해보았다.

↑ 나무고사리나 나무에 투명 낚싯줄을 이용해 가로세로 5cm 크기의 판을 만들어 초소형 열대 난초를 고정해보았다. 야생에서 거대한 열대 식물과 함께 공존하며 자라는 녀석이다.

↑ 조그만 호주 포충낭 식물 교배종인 세팔로투스 '아그네스'의 벌린 입 크기는 1.2cm도 채 되지 않는다.

의 열대성 기후가 바로 식물의 큰 잎을 결정하는 핵심 요소라고 논리적으로 결론을 내렸다. 즉 태양광을 흡수하는 작용과 강렬한 태양에 수분을 빼앗기는 작용 사이의 균형만이 식물의 크기와 잎의 크기를 결정하는 유일한 요소라는 말이다. 그래서 우리는 열대우림 지역을 떠올리면 커다랗고 넓은 잎의 식물을, 그리고 사막같이 건조한 지역은 상대적으로 작은 잎을 바로 연상하곤 한다.

하지만 충분한 물과 습도만이 본질적으로 식물의 크기와 잎의 크기를 늘리는 데 관여한다면 고온 다습한 열대 지방에서 무성하게 자라는 작은 잎을 가진 미니 또는 초미니 식물들은 어떻게 설명할 수 있는가? 큰 것이 유리하다면 어떻게 작은 식물들의 수가 더 많단 말인가?

초미니 사이즈가 갖는 이점

초미니 식물의 진화에 대한 역설을 설명할 수 있는 이론이 몇 가지 있다. 우선 크기가 매우 작기 때문에 싹이 트고 증식하는 데 공간이 많이 필요하지 않으며, 좁은 틈새에서도 쉽게 살아남는다. 그래서 초미니 식물들은 작은 공간 속에서도 빼곡하게 자리하며 잘 자란다. 씨앗도 정말 작아서 큰 식물에 비해 '번식 경제'에서 더 우위를 차지하고 있을지도 모른다. 작은 씨앗(또는 식물 번식에 관련된 다른 부분)은 큰 씨앗보다 생성 속도가 빨라 더 많은 후손을 만들 수 있다. 이런 크기의 차이로 작은 식물은 비록 큰 식물에게 자원 경쟁에서는 뒤처질지 몰라도 수에서만큼은 월등할 것이다.

잎 크기는 분명 토양, 대기 습도와도 확실히 관계가 있다. 잎이 대기 습도를 무한히 빨아들일 수 있는 환경에 적응한다면 크기도 놀라운 속도로 커질 수 있다. 그러나 모든 식물에게 해당되는 것은 아니며, 보통 몇 가지 추가 요인이 함께 작용해야 한다. 그렇다면 일반적으로 식물이 최대한 크게 자라려는 환경에서도 작은 모습을 유지하게 하는 요소는 어떤 것이 있을까? 아울러 다습한 고산 지역에서는 잎이 넓은 식물을 보지 못하는 이유는 무엇일까? 내 생각에는 하루의 온도 차를 포함한 기온이 이 퍼즐의 빠진 조각인 듯싶다.

잎 온도는 주변 공기나 밤이 되면 뚝 떨어지는 기온같이 하루의 온도 변화와 관련이 있다. 어쩌면 이런 부분이 수분 이용률보다 잎을 작게 하는 데 훨씬 많은 영향을 줄지도 모른다. 밤이 되면 서늘하거나 추워지는 기후에서 진화한 식물은 공통적으로 잎이 작아야 생존할 확률이 더 높다. 넓은 표면과 두꺼운 잎 경계층(잎 표면 공기를 보온해주는 부분)을 가진 넓은 잎 식물은 내부 온도를 따뜻하게 유지하기 어려워 추위에 쉽게 상한다.

이런 넓은 잎(두꺼운 경계층을 가진) 식물들은 고온 건조한 기후에서 뿌리층이 충분한 물을 얻지 못해 쉽게 과

→ 아마도 페페로미아 로툰디폴리아(또는 친척 종)일 것이다. 페루의 이키토스 아마존 정글에서 트레킹을 할 때 발견했다. 수많은 초미니 식물이 거대한 열대 나무와 덩굴 식물, 착생식물 사이사이에 몸을 비집고 들어가 자라고 있었다.

↖ 남아프리카에 서식하는 청백색 잎을 가진 천녀의 작은 잎에는 자신을 위장하는 문양이 있어 주변 바위에도 잘 녹아든다. 낮이 되면 기온이 치솟고 밤에는 영하(영하 10℃까지 견딜 수 있다)로 떨어지는 사막 지역의 바위 근처에서 주로 자라는 식물이다.

↗ 현지 파리가 이 '커다란' 노토트리케 하트웨기 앞에서 멋지게 포즈를 취하고 있다. 에콰도르에 있는 침보라소 화산을 등반할 때 해발 고도 5,486m의 파라모(남미 열대 지역의 고지 평원-옮긴이)에서 이 식물과 마주쳤다. 이곳은 한낮의 햇살은 강렬하고 따뜻하지만, 밤이 되면 기온이 영하 28℃까지 뚝 떨어지는 지역이다.

← 열대 천남성과 식물이 가진 유난히 큰 잎들은 습기가 적거나 뿌리층에 물이 없으면 높은 온도에 과열될 수 있다. 이런 식물이 밤에 기온이 떨어지는 기후에서 자라면 넓은 잎 때문에 열을 효율적으로 관리하지 못한다.

열될 수 있다. 식물은 증산작용(잎의 기공을 통해 물이 기체 상태로 빠져나가는 작용-옮긴이)을 통해 수분이 빠져나가며 높아진 열기를 식힌다. 잎이 크면 뜨거워지는 면적도 넓어 그만큼 수분도 더 많이 사라진다. 그래서 사라진 물을 보충할 만큼 뿌리층에 수분이 충분치 않으면 식물은 과열되면서 팽압(세포 내부에서 세포벽을 미는 힘-옮긴이)이 사라지고 잎은 탄력이 떨어지며 결국 시든다.

식물은 주어진 환경에서 증산작용으로 증발하는 수분의 양, 잎 경계층의 두께, 수분 이용률, 잎 주변의 기온(야간) 간의 균형을 섬세하게 맞춰 나가며 생존한다. 논리적으로 생각해보면, 더 따뜻하거나 기온의 변화폭이 더 크고, 더 건조한 지역에서 자라는 식물이 더 작은 잎으로 진화하며 잎이 큰 식물을 대체할 것이다. 그러므로 미래는 작은 식물에게 더 유리하다.

꽃가루 매개자들과의 공진화

식물이 꽃을 피운 후 꽃가루 매개자들과 공진화하는 행위 또한 종의 생존에 필수적인 부분이다. 식물과 이 매개자들은 서로를 의지하며 생존과 번식을 이어 간다. 초미니 식물종이 훌륭한 매개자와 성공적으로 수분작용을 한다면 더 빠르게, 더 많이 번식할 수 있을 것이다.

난초는 관계를 맺는 매개자의 종이 일반적으로 정해져 있다. 그중에서 암컷이나 수컷 매개자의 모양이나 색을 그대로 흉내 내서 수분을 유도하는 난초도 꽤 많다. 깜빡 속은 매개자들이 짝짓기를 하러 왔다가 몸에 꽃가루를 묻힌 채 떠나고 이 꽃 저 꽃으로 옮겨 다니면서 수분하는 방식이다. 우리는 이런 행동을 식물의 '성적 속임수'라고 부른다. 초미니 난초는 보통 작은 꿀벌, 말벌, 파리, 심지어 버섯파리 같은 매개자들과 짝을 이룬다. 이들의 관계는 정말 완벽해서 현재 지구상의 전체 꽃 종류의 10%를 난초가 차지할 정도다.

결국 조그마한 곤충 매개자들과의 상호 의존적 관계는 수분 이용률과는 상관없이 식물의 작은 몸집을 유지하도록 한다. 이런 곤충들의 개체가 계속해서 건강하게 생존해나간다면 식물의 크기 역시 바뀌지 않을 것이다.

식물 수집가로서 한마디 하자면, 현재 지구에 있는 육상식물종의 대략 40%가 이미 희귀종 또는 멸종 위기종으로 분류된 상황이다. 최근 발표된 한 연구에 따르면, 전체 곤충의 40%가 감소 추세를 보여 향후 10년 내 멸종될 수 있다고 한다. 곤충들이 식물들의 꽃가루를 날라준다는 점을 생각해보면 서식지 파괴와 과도한 수집 현상은 식물종에게 심각한 위협이 된다. 그러니 당신이 새로운 품종을 구매할 때는 판매자가 식물을 야생에서 채취하지 않고 '인공' 재배를 해 판매하는 것인지 먼저 조사해보기를 바란다. 그리고 온라인으로 외래종을 구매하거나 해외에서 구매할 때는 판매자가 식물 위생 검역증을 가지고 있는지 항상 확인해서 해당 품종이 합법적이고 적법한 절차로 들어오는지 알아야 한다.

재미있는 사실 세계에서 가장 작은 꿀벌에 속하는 페르디타 미니마는 성충이 되어도 크기가 2mm가 채 되지 않는다고 한다. 이 벌은 여러 크기의 유포르비아속(대극속)을 돌아다니며 수분한다.

→ 이 초미니 곤충은 미니어처급으로 작은 난초의 수분을 나른다.

초미니 식물은 어디에서 자랄까?

야생의 작은 식물은 기후와 지역, 서식지의 크기를 따지지 않고 여러 형태로 자란다. 이 책에서는 육상식물, 착생식물, 반착생식물, 암생식물, 수생식물이 자라는 곳을 모두 소개할 예정이다. 일반적인 식물학계 분류보다 더 세세해서 복잡하게 느껴질 수 있지만, 이 책의 목적에 맞게 가장 기본적인 부분만 다룰 것이므로 너무 걱정하지 않아도 된다.

육상식물 땅에서 자라는 식물이며, 일반적으로 흙이나 바위에 뿌리를 내리고 토양 또는 주변 유기물에서 수분과 양분을 흡수한다.

↑ 미국 롱우드식물원 난초 온실의 나무껍질에서 자라고 있는 사랑스러운 벌보필럼(착생 난초)들을 감상해보자.

↑ 필로덴드론과 스킨답서스 같은 열대 식물은 화분에서 자라거나 착생 덩굴식물로 자랄 수 있다.

착생식물 근처 나무나 식물(기생하는 것은 아니다)에 붙어서 싹이 트고 자란다. 여러 난초, 브로멜리아드, 틸란드시아가 좋은 예다. 아주 자그마한 착생식물을 수집하는 일은 얼마나 멋진 일인지! 나는 특히 초미니 난초에 완전히 빠져 있는데 그중에서도 착생식물이 많은 편이다. 당신도 이런 식물을 유목(물 위를 떠다니거나 물속에 있는 나무를 일컫는다-옮긴이), 나무고사리 섬유, 이끼 같은 곳에 고정해 키워볼 수 있다. 통기성 있는 화분에 잘게 자른 이끼를 헐렁하게 뭉쳐 넣어두거나 오키아타 바크 믹스를 넣고 착생식물을 키우면 보통 잘 자란다.

반착생식물 다른 식물에 붙거나 땅에서 싹을 틔운다. 그리고 땅속에 그대로 뿌리를 내리거나 주변 식물에 붙어 덩굴 형태로 뿌리와 함께 타고 올라가기도 한다. 일부 식물의 경우 처음에는 육상 또는 착생으로 자라다가 성장하면서 반대 방식으로 바꾸기도 한다. 덩굴이 착생 형식을 취한 후 육상 형태를 완전히 버리는 종류도 있다. 몬스테라, 필로덴드론, 싱고니움이 좋은 예다.

당신의 몬스테라가 화분에서 자라다 덩굴이 식물 지지대인 수태봉을 타고 오르는 모습을 상상해보라. 이 책에 나오는 대부분의 초미니 양치식물이 반착생식물이라 여러 모습으로 형태를 바꿔가며 자랄 수 있다.

↑ 바위에서 자라고 있는 우산이끼(암생식물)

↑ 나는 이 조그만 베고니아를 페루의 와이나픽추 정상 바위틈에서 발견했다.

암생식물 바위 틈새나 주변에서 자라는 흥미로운 식물군이다. 암상식물이라고도 부른다. 이들은 빗물과 주변 부식질에서 영양분을 흡수한다. 바위에서만 자랄 수 있는 종류를 특정 환경에서만 자랄 수 있는 암생식물이라 부르고, 바위와 흙 모두에서 자랄 수 있는 종류를 여러 환경에서 자랄 수 있는 암생식물이라 부른다. 암생식물의 종류에는 조류, 우산이끼, 벌레잡이제비꽃, 여러 양치식물과 일부 난초(애기장화난초와 파피오페딜룸 등)가 있다.

암극식물 유기물과 토양이 모여 있는 빙하 속 갈라진 틈(크레바스)이나 길게 갈라진 암석의 틈에서 자란다. 여러 식충식물과 특정 베고니아, 앵초가 이 범주에 속한다.

우산이끼, 붕어마름, 이끼는 비혈관식물(땅에서 영양분을 옮길 수 있는 뿌리와 혈관이 없는 식물-옮긴이)이며, 비공식적으로 선태식물이라 불리기도 한다. 많은 선태식물이 암생식물과 암극식물 근처에서 자라며, 독특한 초미니 식물 커뮤니티에서 중요한 자리를 차지한다.

수생식물 완전히 물속에 잠긴 형태로 자라는 진정한 의미의 수생식물이 있고, 민물이나 바닷물 위(수면 바로 위에 나온 잎)로 올라온 종류가 있다. 그리고 항상 물속에서만 자라는 종류가 있고, 계절마다 필요에 따라 다양하게 바뀌는 종류도 있다. 이 책에 등장하는 콩나나와 워터코인 같은 식물은 심지어 수생식물과 육상식물 모두로 분류될 만큼 두 곳에서 모두 잘 적응한다. 일반적으로는 물속에 잠겨 있을 때보다 물 위로 떠올라 있거나 습도가 높은 아쿠아리움에 착생한 형태로 더 잘 자란다. 이런 종류를 반수생식물로 분류하기도 한다.

당신 역시 초미니 식물종을 여러 가지 방식으로 실내에서 키우며 수집할 수 있다. 다양한 용기에 담아 밀폐된 성장 환경에서 가꾸면 된다. 이런 초미니 식물이 가장 좋아할 법한 공간을 만들려면 이 친구들이 야생에서는 주로 어디서 살며 어떤 식으로 자라는지 개별로 알아두면 큰 도움이 된다. 수집 목록에 담고 싶은 초미니 식물이 있다면 각 식물에 대한 지식을 더 자세히 공부하라고 조언하고 싶다.

↓ 수면 위로 머리를 내민 수생식물들이다. 연과 수련은 뿌리가 물속에 떠 있는 형태가 있고, 땅속에 뿌리를 고정한 채로 자라는 형태가 있다. 잎은 물 밖으로 길게 올라오거나 수면 위에 떠 있기도 한다.

2

초미니 식물 수집하고 가꾸기

작은 식물을 모으고 기르는 행동은 깊은 친밀감을 느낄 수 있는 일이다. 조그마한 식물을 보살피며 상호작용을 하다 보면 커다란 종보다 조금 더 개인적인 감정이 들 수도 있다. 나는 큰 실내식물을 키울 때 희귀하거나 비싼 종을 제외하고는 보통 적자생존의 방식을 적용한다. 하지만 작은 녀석들을 매일 돌보다 보면 사랑에 빠지게 된다. 좀 더 소중한 존재라고나 할까?

초미니 식물을 키울 때는 큰 식물과는 다른 방식을 적용해야 할 때가 있다. 그러나 이런 식물이 차지하는 작은 공간을 생각해보면 이 녀석들이 요구하는 특별한 사항을 들어주는 일은 상대적으로 간단한 편이다. 일부 초미니 식물은 큰 열대 식물보다 키우기 더 수월하다.

가꾸기 실습

키우려는 식물이 야생에서는 어떤 식으로 자라는지 미리 배워두면 실내에서도 성공적으로 키워낼 가능성이 매우 높다. 어떤 면에서 보면 초미니 식물이 가꾸기가 더 쉽고, 공간도 별로 차지하지 않는다. 게다가 포팅 믹스나 물, 비료, 다른 물품도 훨씬 적게 필요하고 큰 실내 화분보다 주변을 덜 어지럽힌다. 하지만 일부 초미니 식물은 물을 줄 때 세심한 주의를 요하고, 온도와 습도에 더 민감한 종이 있기도 하다.

이 책에서 소개하는 종의 경우 당신이 쉽게 따라올 수 있도록 기본적인 지침과 요령을 소개해두었다. 반드시 따라야 하는 것도 있지만, 내가 제시하는 여러 추천 사항 중에는 키우는 사람의 현재 조건과 습관에 따라서 최적의 방법이 아닌 것이 있을 수도 있다. 식물을 잘 키우는 재능과 식물의 요구를 알아채는 방법을 터득하려면 시간과 인내, 직접적인 경험이 필요한 법이다. 그러므로 집이란 공간에서 독특한 환경을 꾸며 작은 식물과의 관계를 발전시켜야 한다.

키울 공간, 자연광의 양, 온도, 상대습도를 알아두고 다양한 장소에서 화초를 시범적으로 키워보면서 가장 적절한 조합을 찾아보도록 하자. 수많은 실험이 바로 성공의 열쇠다.

↑ 4cm 크기의 조그만 테라코타 화분에서 자라는 하워르티아 앙구스티폴리아가 이제 막 꽃망울을 터트리기 시작했다!

↑ 페페로미아 프로스트라타는 4cm 크기의 유약 처리된 수제 세라믹 화분에서도 잘 자랄 만큼 작고 앙증맞다.

처음부터 '정석'대로 잘 키워지지 않는다고 스트레스를 받거나 죄책감을 느낄 필요는 없다. 물론 두 번째도, 세 번째도 마찬가지다! 나는 실패하는 초보자들에게 초반의 실패가 다음번 성공의 거름이 된다고 항상 강조한다. 일단 식물을 번식시키는 기본 기술만 어느 정도 익히면 앞으로 더 많은 식물을 가꿔나갈 수 있을 것이다. 원예 기술은 타고나는 게 아니라 경험으로 터득하는 것임을 기억하라!

초미니 식물을 어디에 담을까?

작은 식물을 키우면서 느끼는 매력 중 하나가 다양한 용기를 사용할 수 있다는 점이다. 작은 찻잔, 골무, 조개껍데기, 허브 유리병 등 목적에 맞게 어울리는 것으로 골라 화분으로 사용하면 된다. 이 책에 나오는 유약 처리된 세라믹 화분은 대부분 내가 직접 지역 도예가에게 요청해서 만든 수제품이다. 나는 수제 화분만이 가진 유일무이함이 무척 좋다. 요즘에는 초미니 식물을 담을 수제 화분을 구하는 것도 그리 어렵지 않을 것이다.

초미니 식물은 보통 작은 화분에서 키우면 된다. 하지만 종류마다 최적의 공간, 물의 양, 용기가 모두 다르다. 끈끈이주걱 중에서 가장 작은 종류 몇 가지는 이 책에서 소개하는 대부분의 식물보다 더 큰 화분이 필요하다. 왜냐고? 피그미 끈끈이주걱처럼 아주 조그마한 식물은 크기보다 상대적으로 굵고 긴 직근 형태의 뿌리를 가지고 있고, '젖은 발'을 선호하기 때문이다. 즉 키울 때는 식물의 크기보다 많은 양의 흙을 넣을 수 있도록 긴 용기를 골라야 한다는 말이다.

이와는 반대로 리톱스 같은 다육식물의 경우 본체보다 조금 더 큰 용기에서도 충분히 키울 수 있다. 다육이나 선인장은 물을 주는 간격을 길게 해서 건조한 상태를 유지하는 게 좋아서 상대적으로 흙이 적게 들어가는 작은 화분에서 더 잘 자란다. 그리고 항상 촉촉함을 유지하고 싶어 하는 마이크로 신넌기아 같은 화초는 뿌리 체계가 너무 작아서 잘 키우려면 골무 크기 정도의 화분을 골라야 한다. 결국 식물 뿌리의 형태학과 뿌리층에 얼마나 많은 수분이 필요한지에 따라 화분의 크기가 결정된다고 보면 된다.

작은 화분에 식물을 심을 때는 입구에서 0.3cm 정도 공간을 남겨두고 흙을 채워야 물을 줄 때 밖으로 흘러넘치지 않는다.

↑ 물구멍이 있고 초벌용 도료인 실러 처리를 하지 않은 토분(크기는 2.5~8cm)은 공기 흐름이 원활해서 좋다.

↑ 통기성 있는 토분의 수분 손실을 줄이려면 실러를 먼저 바른 후 프라이머와 원하는 색의 페인트를 칠해야 한다.

용기의 종류

재료

용기 재질을 고려하는 일은 매우 중요하다. 유약 처리를 하지 않은 토분이나 실러를 바르지 않은 시멘트 화분은 통기성이 좋아 물과 공기의 흐름이 원활하다. 공기가 잘 통하는 재질은 젖은 발을 싫어하는 식물이 좋아하겠지만 동시에 토양이 그만큼 더 빨리 마른다. 나는 다육식물과 선인장을 식재할 때 보통 유약 처리하지 않은 통기성 용기를 사용한다. 그리고 물을 주기 전에 흙이 말라 있어야 하는 식물을 심을 때나 뿌리 통풍이 중요한 열대성 식물 또는 착생식물을 유리 용기 안에 넣어둘 때도 이런 화분을 즐겨 쓴다.

　실러를 바른 도기나 플라스틱·유리 용기는 보통 뿌리층의 수분을 더 오래 가두고 공기 순환을 차단한다. 건조함을 견디지 못하는 대부분의 열대 육상식물이나 반수생식물에 알맞은 용기다. 열대 식물을 통기성 좋은 토분에 심어서 수분이 너무 빨리 사라진다면, 실러를 바른 비통기성 화분이나 플라스틱·유리 용기로 옮겨서 수분이 더 오래 머물 수 있는 환경을 제공해보자.

배수

물구멍이 있는 용기는 대부분의 초미니 육상식물과 착생식물, 심지어 수분을 좋아하는 여러 식물에게 적합하다. 물구멍이 없는 용기를 쓰면 뿌리층의 산소가 부족해 식물이 병해를 입거나 부패해서 빠르게 썩을 수 있다. 이런 용기는 높은 습도를 좋아하는 착생식물이나 반착생식물을 키울 때 쓰도록 하자. 여기에는 일부 초미니 난초, 착생 덩굴식물, 근경(뿌리처럼 보이는 줄기를 뜻하는 말-옮긴이)성 양치식물 또는 특정 제스네리아과 등이 있다. 물구멍이 없는 용기에서 이런 식물을 키운다면 잘게 자른 이끼와 오키아타 바크, 포팅 믹스 소량을 섞어 영양토 대신 깔아주면 된다. 벌레잡이제비꽃과 통발 같은 특정 식충식물은 적절한 용토만 선택한다면 방수성 용기에서도 아주 잘 자란다.

　일반적으로 찻잔 같은 작은 용기를 화분으로 쓰려면 물구멍을 내는 게 좋다.

테라리엄

일단 초미니 식물을 수집하기 시작하면 혼합된 수집물이나 개별 종을 넣어둘 만한 다양한 용기를 찾게 될 것이다. 그중에서 테라리엄은 초미니 식물을 담는 용기로 흔하게 사용된다. 솔직히 털어놓자면, 이 책은 테라리엄을 만들고 꾸미는 방법을 알려주는 전문 서적이 아니다. 방수 또는 밀폐형 테라리엄을 꾸미고, 심고, 유지·관리하는 방법을 종합적으로 다룬 책들은 서점에도 많을 것이다. 사실 밀폐형 테라리엄과 비바리움은 특별한 초미니 환경이라 그에 따른 다양한 요건과 통제 환경, 도전 과제 등이 있기 때문에 여기에서 자세히 다루지는 않을 것이다. 대신 관련 재배 환경의 몇 가지 종류와 테라리엄을 적절하게 꾸미는 기본적인 팁을 소개할 예정이다.

와디언 케이스 현재 우리가 아는 테라리엄의 초기 형태라고 할 수 있으며, 화분에 담긴 식물을 넣고 보호하는 목적으로 만들어졌다. 식물학자 너새니얼 백쇼 워드 박사(또 다른 식물학자인 매커너키가 이보다 더 일찍 발명했지만 당시에는 정식으로 인정받지 못했다)는 세계 각지에서 오는 소중한 식물종을 유럽에서 안전하게 받기 위해 이 용기를 개발했다. 당시 귀한 수집 종이 배에서 곧잘 시들곤 했는데, 유약 처리된 밀폐형 유리 와디언 케이스가 운송 중인 식물을 상하지 않게 보호해주었다. 케이스 안에 있는 식물은 꾸준히 빛을 받고 저장된 깨끗한 물을 쓸 수 있었다. 이후 와디언 케이스는 이동 시 식물뿐 아니라 과일이나 꽃 또는 커피와 설탕처럼 중요한 작물을 넣어둘 때도 널리 쓰이게 되었다.

와디언 케이스는 대부분 바닥이 단단하고 물 저장통이 있어서 화분을 안에 세워둘 수 있고, 내장된 받침 접시나 라이너는 수분을 잡아두는 역할을 한다. 사용법도 간단하다. 화분을 안에 넣고 나무나 금속 틀로 된 유리 뚜껑으로 위를 덮거나 문을 닫는다. 그리고 필요할 때마다 문이나 단단한 유리 뚜껑만 여닫으면 된다. 와디언 케이스는 창가 환경보다 더 높은 습도와 온도를 요구하는 식물을 넣어둘 때 유용하다. 그리고 장식용으로 잠깐 쓰거나 특정 계절에만 꺼내놓고 싶을 때 원래 있던 자리에서 뺐다가 다시 넣어두기에 편리한 용기다. 화분이 보기 거슬린다면 이끼를 이용해 마치 식물만 심은 테라리엄처럼 꾸밀 수도 있다.

현재는 흙이 없고 방수인 형태를 와디언 케이스라 지칭하지만, 여전히 많은 와디언 케이스가 바로 식재가 가능한 테라리엄 용도로 팔리고 있다. 시중에는 고급품도 많다. 이런 종류를 사용하면 식물도 한층 고급스러워 보일 수 있겠지만 그냥 심플한 유리병이나 뚜껑이 있는 보관 용기를 사용해도 된다. 흥미로운 모양의 고전적인 투명 유리 용기에 넣어보는 것도 재미있는 볼거리를 제공해줄 것이다. 게다가 이런 소품들을 활용하다 보면 고습도 초미니 식물을 키우는 데 훨씬 많은 유연성이 생길지도 모른다. 와디언 케이스는 이동이 쉽고, 식물 생장등 밑에 두거나 장식용으로 둘 수도 있다.

→ 5cm 크기 화분에서도 잘 자라는 초미니 양치식물인 긴콩짜개덩굴이 유리병 속에 들어 있다.

왼쪽 상단: 나의 플레우로탈리스 코스타리센시스가 경첩 문이 달린 와디언 케이스에 자리하고 있다. 현대적인 디자인의 미니 케이스이며, 습도를 높여주지만 과하지 않을 정도다.

오른쪽 상단: 플레우로탈리스 코스타리센시스가 살짝 높은 습도 덕분에 예쁜 꽃을 피웠다.

하단: 내 멋진 수제 와디언 케이스 중 하나다. 유리 속에서 자라는 신닌기아와 아프리칸바이올렛이 꽃을 피웠다.

밀폐형 테라리엄 문이나 뚜껑이 달린 용기는 습도 관리에 용이하지만, 제대로 설계된 밀폐형 테라리엄 또한 외부 환경과 완전히 단절되어 식물에 필요한 물, 공기, 배지(배양을 위한 영양물-옮긴이)를 갖춘 초미니 생태계를 구축할 수 있는 장소가 될 수 있다. 방수가 되는 유리나 아크릴 용기면 충분하지만, 물이 새지 않는 수조라면 더욱 좋다. 완벽하게 꾸민 테라리엄을 몇 년간 그대로 두어도 되고, 주기적으로 가꾸거나 가끔 열어서 재배치해보아도 좋다.

화분을 놓지 않고 바로 식물을 심고 싶다면 식물의 뿌리층에 물이 직접 닿지 않도록 인공 물구멍을 몇 개 내야 한다. 이 작업에는 자갈, 숯 같은 바닥재를 깔아 배수층을 만드는 일도 포함된다. 얇은 메시 필터를 적당한 크기로 잘라 소재별로 깔아두면 서로 섞이는 것을 방지할 수 있다.

테라리엄 바닥재 깔기

1. 바닥층: 밑바닥에 자갈, 돌, 부순 유리 조각을 최소 2.5cm 두께로 간다. 그 위에 적당한 크기로 자른 메시망을 올린다.

2. 여과층: 활성탄이나 바이오차를 1.3cm 두께로 간다. 메시망을 올린다.

3. 심지 관수: 수태(물이끼)를 1.3~2.5cm 두께로 깔고 위에 메시망을 올린다(선택).

4. 토양: 심을 식물에 적합한 포팅 믹스를 간다.

5. 해당 종을 식재한다.

6. 흙이 보이는 부분을 이끼로 덮고 돌이나 유리 등으로 주변을 장식한다.

밀폐형 테라리엄에 심을 식물의 종류에 따라 인공 환기팬이나 인공조명, 온도조절기를 함께 설치해야 할 수도 있다. 그리고 식물을 반드시 용기 안에 심을 필요는 없다. 와디언 케이스처럼 높은 습도를 좋아하는 식물을 각각 화분에 식재해 함께 넣어두어도 멋진 테라리엄이 완성될 것이다.

바닥에 까는 층의 깊이는 테라리엄의 크기와 높이에 따라 달라질 수 있다. 어떤 사람들은 자갈 밑에 활성탄을 넣기도 한다. 살아 있는 동물을 함께 넣는 비바리움은 이끼와 낙엽 등을 더 깔아야 할 수도 있다. 상황에 맞춰 한번 잘 꾸며보자!

→ 밀폐형 테라리엄에서 식물이 건강하게 자라려면 배수층이 필요하다.

맞은편: 이끼에 심은 나의 덴드로븀 쿠스버트소니 '핑크 자이언트' HCC/AOS × 바이칼라, '오렌지'다. 나는 이 녀석을 유리병에 담아 시원한 방에 놔두었다.

개방형 테라리엄 테라리엄용으로 판매 중인 개방형 방수(또는 반방수) 형태의 유리 용기는 여러 가지가 있으며 볼 테라리엄, 버블볼, 볼 화분 등으로 불리기도 한다. 그리고 이런 용기에 흙만 넣고 다육이나 다른 저습도 식물을 심어둔 형태도 많이 보았을 것이다. 사실 나는 이런 걸 테라리엄이라기보다는 그냥 유리 화분이나 화병 정도로만 생각한다.

개방형 테라리엄과 버블볼에 식물을 심어 키우고 싶다면 베고니아, 아프리칸바이올렛(세인트폴리아 또는 아프리카제비꽃), 제스네리아과, 일부 열대 관엽식물, 양치식물과 벌레잡이제비꽃, 통발 같은 특정 식충식물이 잘 자라므로 이런 아이들로 선택하자. 하지만 개방형이라도 물구멍이 없기 때문에 밀폐형 테라리엄에서 설명했던 방식으로 배수층을 깔아주어야 한다.

일부 특정 식물에게는 습기를 더 머금고 있는 배지, 자갈, 촉촉한 이끼 등을 추가해 수분을 더 공급해줄 수도 있다. 또한 개방형 테라리엄에 화분을 놓고 자갈이나 이끼로 주변을 꾸미면 보기에도 좋고, 약간이지만 습기도 더 오래 머문다. 나는 보통 개방형 테라리엄에 신닌기아 교배종, 아프리칸바이올렛, 미니 난초를 함께 넣어둔다. 이 녀석들은 습도가 조금 더 높은 환경을 좋아하지만 물을 주기 전에 흙이 말라 있어도 꽤 잘 견디는 편이다.

다육식물이나 선인장은 물구멍이 없는 개방형 테라리엄에 바로 심게 되면 물을 필요량 이상으로 주게 되어 뿌리층의 공기 접촉이 차단되는 경우가 많아 추천하지 않는다. 만약 강한 빛이 오랫동안 들어오지만 수분 공급이 잘되지 않는 환경에서 키우고 싶다면 하워르티아 같은 다육식물이나 선인장이 괜찮다. 하지만 빛이 많이 들어오지 않는 실내에서 이런 식물을 테라리엄에 심는다면 관수를 할 때 항상 정량 이상 주기 쉽다. 특히 초보자들이 많이 하는 실수다. 그렇게 되면 식물은 금방 시들어버리기 때문에 차라리 화분에 심어서 개방형 테라리엄에 놓고 다른 재료로 화분을 숨기는 식으로 꾸미는 게 더 낫다.

↑ 다육식물과 선인장은 물구멍이 없는 볼이나 밀폐형 테라리엄에 바로 심으면 잘 썩는다.

→ 개방형 행잉 '테라리엄' 안에 자리한 초미니 난초는 물을 주기 전에 흙이 살짝 말라 있어도 괜찮다.

↑ 이 개방형 테라리엄은 식물이 잘 자라는 데 충분한 습도를 제공해준다.

오키다리움 현대식 와디언 케이스라 할 수 있다. 보통 초미니나 미니 난초를 식재한 화분 또는 바크에 활착한 식물을 넣어둘 때 많이 사용하지만 다른 고습도 식물종을 넣어두기에도 좋다. 오키다리움은 선진 기술이 접합되어 있어 통풍과 온·습도에 민감한 식물을 넣어 키우기에 안성맞춤이다. 환기팬, 자동 분사 시스템, 식물 생장등, 온도조절기가 장착되어 방금 말한 환경이 모두 갖춰진다. 아쿠아리움, 비바리움 케이스, 그로우 텐트를 이용해 나만의 오키다리움을 만들어보자. 아니면 오키다리움용으로 판매 중인 제품을 구매해도 된다.

↑ 이 오키다리움에는 자동 공기 순환 장치, 자동 안개 분무기, 식물 생장등이 모두 설치되어 있어 사용이 간편하다. 이것은 시중에 판매되는 제품이다.

비바리움 비바리움은 라틴어로 '생명의 터전'을 의미하며, 보통 동물과 식물이 공존하기에 적합한 공간을 설명할 때 자주 쓰인다. 비바리움을 만들 때는 배지가 어떻게 분해되는지, 동물에서 나오는 독소와 배설물 등을 어떤 식으로 처리할지, 온·습도 조절은 어떻게 할 것인지를 모두 고려해야 한다. 그리고 환기할 때나 청소할 때 여닫을 수 있는 작은 문도 여러 개 있어야 한다. 이곳을 어떤 식으로 꾸밀지와 어떤 식물종을 넣을지는 함께 키울 동물의 종류에 따라 달라진다. 나는 몇 년간 다양한 종류의 독화살개구리를 키웠는데, 이 녀석들이 자리를 잡고 먹이를 먹으며 번식을 하는 데 도움이 되는 종류와 크기의 식물을 골라서 심었다. 이 책에 나오는 고습도 초미니 양치식물, 천남성과 식물, 난초는 비바리움에 넣기 좋은 품종들이다.

팔루다리움 용기의 1/2~1/4 정도를 물로 채운 후 물고기나 다른 수중생물, 수생식물을 넣어둔다. 나머지 공간에는 식물을 식재하거나 활착시키고, 다른 육상동물을 넣어도 된다. 대부분 여닫을 수 있는 문이 설치되어 있으며 보통 인공 식물 생장등이 필요하다. 내 팔루다리움 중에는 독화살개구리가 있는 비바리움을 기반으로 만든 형태가 많은 편이었다.

리파리움 물가의 생태계를 작게 재현해놓은 것이다. 수조나 다른 용기에 물을 반 정도 채우고 수생식물을 넣으면 된다. 여기에 수분을 사랑하는 반수생 열대 식물을 위해 하드스케이프(공원이나 정원을 장식하기 위해 만들어 놓은 길이나 담 같은 것들-옮긴이)를 함께 꾸며두어도 된다. 대부분의 리파리움은 천장이 뚫려 있거나 통풍이 잘 된다. 작은 크기의 리파리움은 이 책에 나오는 초미니 수생·반수생 종에 딱 맞다.

아쿠아리움 완전한 수중 환경이며 수중동물과 수생식물을 함께 또는 따로 키울 수 있다. 키우려는 종의 산소 의존도에 따라 완전한 밀폐형이나 환풍이 되는 용기를 고르면 된다.

테라리엄이나 케이스에 여러 식물을 넣고 함께 키우고 싶다면 자라는 환경과 돌보는 요건이 비슷한 종으로 선택해야 한다. 그렇다고 반드시 2종 이상 키워야 하는 것은 아니다. 내 초미니 식물들은 대부분 개별 용기 안에서 크고 있다.

↓ 이 팔루다리움에는 다양한 종류의 식물과 함께 수중·육상동물이 공존하고 있다.

밀폐형 테라리엄과 와디언 케이스, 그 외 유리 용기에서 식물을 키울 때 빛이 강하고 습도가 높으면 조류가 너무 많이 자랄 수 있다. 거의 하루 종일 유리 내벽에 물이 잔뜩 응축되어 있다면 환기를 해주어야 한다는 의미다. 유리에 찬 물기를 닦으면서 조류도 함께 청소해주자.

배지

이상적인 재배 배지는 식물마다, 그리고 식물의 서식지에 따라 다르며 종류도 다양하다. 배지는 사실 당신이 생각하는 것보다 더 중요하며 초보 식물 집사가 많이들 경험하는 주요 문제이기도 하다.

포팅 믹스 실내 열대 식물은 보통 흙이 포함되어 있지 않고 (살균된) 배수가 잘되는 가벼운 포팅 믹스를 쓰면 잘 자란다. 나는 보통 토탄 대용으로 코이어(야자껍질 섬유)를 넣어 더 가볍게 만들어서 쓰는데, 물을 줄 때 과습되지 않으면서 촉촉함도 유지되어 좋다. 포팅 믹스를 쓰면 흙이 없어서 곰팡이와 박테리아 문제가 줄어든다는 장점도 있다. 일반적으로 토탄, 코이어, 잘게 자른 수태, 질석, 원예용 펄라이트 등이 적절히 섞인 제품으로 판매되며, 이 중에서 몇 가지를 혼합해 자신만의 믹스를 만들 수도 있다.

영양토 유기농 성분이 들어간 지렁이 분변토 또는 퇴비형 거름이다. 소량의 유기농 성분-10~20% 이하-은 몇몇 실내식물종에게 좋다. 하지만 많은 양의 유기농 물질이 들어 있는 영양토는 더 큰 화분에서 자라는 야외식물에게 적합하다. 실내의 경우 이 유기농 성분 때문에 버섯파리나 곰팡이 또는 박테리아 등이 생길 수 있다. 특히 유리 용기 안에 두면 흙이 물을 너무 많이 머금는다. 여러 번의 실험을 통해 자신에게 가장 잘 맞는 방식과 식물의 종류를 찾아보자.

코이어 코코넛 야자껍질로 만든 가벼운 섬유다. 코이어는 수분을 잘 잡고 있으면서 통기성도 좋다. 게다가 재생 가능한 자원이기까지 하다.

피트모스 토탄 늪지에서 채취한 유기농 성분이며 수분 보유력을 높이는 역할을 한다. 피트모스를 채취하면 늪지의 여러 생물체도 함께 제거되며 다시 생성되기까지 몇백 년이 걸리기 때문에 재생 불가능한 자원이다.

펄라이트 화산작용으로 생긴 유리질 암석을 구워 작은 흰색 공 형태로 만들었다. 펄라이트를 섞으면 통풍과 배수력이 향상된다.

질석(버미큘라이트) 마그네슘과 철이 함유된 알루미늄 실리케이트 원석으로 만든 물질이며, 가벼워서 파종할 때나 특별한 포팅 믹스를 만들 때 사용된다.

잘게 자른 수태 수분을 함유한 생이끼이며 착생식물을 활착시키거나 뿌리꽂이용으로 사용된다. 잘게 잘라 포팅 믹스와 섞으면 더 가볍고 수분을 잘 잡는 재료가 된다.

숯 또는 바이오차 원예용 숯은 테라리엄을 포함한 다양한 환경에서 물 흡수력을 높이고, pH에 영향을 주며, 독소를 배출시키고, 유익한 미생물이 자라는 데 도움을 준다.

↑ 소의 혀 식물(가스테리아 글로메라타)은 8cm 크기 화분에서도 만족하며 자란다. 화분에는 다육식물용 포팅 믹스와 화강암 풍화토를 반반 섞어서 넣었다.

↑ 8cm 화분에 있는 초미니 포충낭 식물인 세팔로투스 폴리쿨라리스 '아그네스'다. 촉촉함이 항상 유지되도록 무거운 모래 믹스를 넣었더니 이끼도 잘 자라고 있다.

레카 경량 팽창 점토볼(하이드로볼)이다. 물과 공기를 흡수하면 크기가 살짝 커진다. 불활성 점토볼이며 식물의 뿌리가 달라붙는 표면이 공기가 잘 통하는 재질이다. 보통 수경재배를 하거나 아쿠아포닉(수경재배 형식에 어류를 함께 키우는 방식-옮긴이)을 할 때 쓴다.

바크(마른 나무껍질)와 유목 착생식물을 활착시킬 때 사용한다. 여기에 작은 수태를 붙여 쓰는 경우가 많다.

나무고사리 섬유 나무고사리 속에 있는 섬유를 말린 것이며, 테라리엄과 비바리움에 사는 식물의 완벽한 지주대(벽)가 되어준다. 착생식물은 여기에 활착해 자라고, 반착생식물은 이 지주대로 덩굴이 옮겨가 뿌리를 내린다.

하이그로론 이 불활성 합성 섬유는 통기성이 좋은 바크와 심지 대용으로 제조된 제품이라 착생식물이나 열대 덩굴식물, 이끼가 활착할 때 유용하게 쓰일 수 있다. 일부 제조업체에서는 제품 내부에 와이어를 넣어 구매자들이 다양한 방향으로 '가지'를 뻗어나가게 할 수 있는 상품을 선보이기도 한다. 하이그로론은 천연 물질의 채취량을 줄이기 위해 생산된 제품이며 자연적으로 분해되지 않는다.

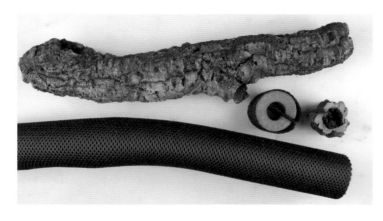

← 바크와 하이그로론은 비슷한 기능을 하고 있지만 하이그로론이 합성 제품이라는 차이가 있다.

↑ 오키아타 바크, 원예용 숯, 그리고 잘게 자른 수태는 초미니 식물을 키울 때 쓰는 유용한 재료다. 오키아타 바크 믹스에 섞여 있는 작은 흰색 펄라이트를 보라.

↑ 양치식물인 미니 볼비티스는 물과 레카를 섞은 찻잔에서 키워도 충분하다.

식물별 배지 종류

착생식물과 반착생식물 이 식물들을 키울 때는 습도를 높게 유지하면서도 동시에 뿌리 주변 공기 순환이 원활한 환경을 조성해야 한다. 포팅 믹스로는 두툼한 오키아타 바크 믹스나 잘게 자른 이끼를 추천한다. 이 재료들을 용기에 넣은 후 착생 또는 반착생식물을 심어보자.

대부분의 제스네리아과 가령 아프리칸바이올렛, 글록시니아, 신닝기아, 베고니아 같은 종은 수분도 잘 머금으면서 배수도 잘되는 재료가 필요하다. 이런 식물을 키울 때는 아프리칸바이올렛용이라고 적힌 포팅 믹스를 찾아보자. 자신이 직접 혼합해보고 싶다면 카르투즈 그린하우스를 운영하는 마이클 카르투즈가 개발한 포팅 믹스 만들기 비법을 한번 따라 해보는 것도 좋은 방법이다. 구식 원예 용어는 버리고 G-B-S 믹스(제스네리아-베고니아-아프리칸바이올렛)라 불러보자.

G-B-S 믹스　물이끼피트모스 4 (나는 보통 여기에 코이어를 보충해준다)　　질석(선택) 1
　　　　　　　펄라이트 4　　　　　　　　　　　　　　　　　　　석회석 분말 약간 40g(1큰술)~2.5kg

준비한 재료를 모두 한데 넣고 섞는다. 사용 전에 따뜻한 빗물이나 정수된 물을 넣으면 한결 촉촉해진다.

다육식물과 선인장 이 종들을 심을 때는 뿌리가 지지할 수 있고 공기가 잘 머물 수 있어야 하며, 물이 뿌리에 닿지 않도록 배수력도 좋은 재료가 적합하다. 보통 다육식물·선인장용 믹스에는 잔모래, 모래, 펄라이트, 코이어가 혼합되어 있어 배수성과 통기성이 좋다.

식충식물 다양한 종류의 배지가 필요하다. 대부분은 토탄(이탄)이 풍부한 촉촉한 흙이면 되고 일부 식물은 모래가 더 많아야 한다. 그리고 건수태나 돌이 많이 섞인 배지에서 자라는 종도 몇몇 있다. 키우는 종마다 검색을 해서 맞는 제품을 구매하거나 적절하게 혼합하도록 하자.

수분과 습도 조절

초미니 식물의 수분과 습도를 조절하는 일은 쉬울 수도 있지만, 오히려 더 까다로울 수도 있다. 결국 식물의 종류와 식물 관리 습관에 따라 다르다. 용기가 작고 흙의 양이 적을수록 관수 후 건조 속도가 더 빠르다. 그래서 작은 화분에 심은 초미니 열대 식물을 테라리엄이나 유리 용기가 아닌 외부에 둔다면 물을 주는 간격이 더 짧아야 한다. 당신에게 물을 많이 주는 습관이 있다면 더 작은 용기에 식물을 키워서 과습을 최소화하자. 특히 다육이나 선인장을 키운다면 말이다. 지금도 그 문제로 걱정이라면 당장 식물을 조금 더 작은 화분으로 옮겨보자. 그러면 뿌리층 주변의 수분을 관리하기 더 쉬워질 것이다.

그러나 물조리개를 보자마자(그래 자훈, 너 말이야) 금방 흐물흐물해지는 일부 초미니 식물도 있으니 주의해야 한다. 심지어 제일 작은 용기에 넣고 키워도 별 성과가 없을 것이다. 초미니 식물을 기르기 전에는 종마다 물을 어느 정도 주어야 하는지 미리 알아두어야 한다.

수질

처리 과정을 거치든 아니든 상관없이 초미니 식물에게 줄 물의 종류를 먼저 알아보도록 하자. 식물 중에는 빗물이나 증류수, 정수된 물만 사용해야 하는 종도 있다. 이런 권장 사항이 있는 식물이 있다면, 그럴 만한 이유가 있을 테니 될 수 있다면 따르는 게 좋다.

빗물 나는 실내식물에게 되도록 빗물을 주려고 한다. 그래서 우리 집 지붕의 홈통 주변에는 항상 빗물통이 있다. 베란다나 테라스에 양동이를 내놓는 것도 빗물을 받을 수 있는 쉬운 방법이다. 사실 크고 생명력이 강한 식물에게는 가끔 수돗물을 주기도 한다. 하지만 초미니 난초나 식충식물에게는 오로지 빗물만 준다. 빗물은 수돗물처럼 해로운 미네랄이나 화학 물질이 없는 좀 더 순수한 형태의 물이며, 여기에는 식물에 좋은 유기농 물질과 미네랄이 포함되어 있다.

물론 빗물에도 오염 물질이나 나쁜 유기물이 있다. 게다가 지붕에 있던 조류나 동물 배설물을 포함한 온갖 것이 빗물과 함께 양동이로 들어가기도 한다. 심지어는 모기나 다른 벌레의 유충도 들어가기 때문에 이런 물질을 모두 거를 수 있는 방충 덮개가 필요하다. 그럼에도 빗물은 식물을 위한 가장 건강한 선택이며, 특히 민감한 녀석들에게는 더 좋다. 빗물을 모아서 쓰려니 손이 많이 간다고? 물론! 하지만 귀한 초미니 난초나 특별한 식충식물을 사서 수돗물로 시들게 할 순 없지 않은가.

수돗물 수돗물에 함유된 물질의 종류는 지자체마다 다르지만, 여기에는 대개 염류(무기미네랄)와 화학 물질이 들어 있어서 실내식물에게 독으로 작용할 수 있다. 연수(단물)는 나트륨 함량이 높아 식물의 물 흡수를 억제해 실내식물이 특히 피해를 많이 입는다. 경수(센물)의 경우 한동안은 실내식물에게 주어도 되지만, 안에 불소가 섞여 있다면 이 성분이 식물에 축적되어 스트레스를 줄 수 있다. 일부 수돗물은 수도관 부식을 막기 위해 pH를 더 높이기도 한다. 아프리칸바이올렛이나 난초같이 산성화된 조건을 좋아하는 종이라면 이런 물을 그다지 반기지 않을 것이다. 우물물은 주변 기반암의 영향으로 물속에 미네랄이 많이 녹아 있으며, 식물에 독이 될 수 있는 황이 많이 함유되어 있을지도 모른다.

← 다 쓴 와인병에 빗물을 받아 집에 보관해두면 관수 시 편리하게 사용할 수 있다. 게다가 입구가 좁아 미니 물조리개와 스프레이 병에 빗물을 옮겨 담기에도 좋다.

당신이 수돗물로 관수를 자주 했다면 토양 표면에 하얀색 얇은 막이 형성되어 있는 것을 볼 수 있을 것이다. 이 성분은 수돗물에서 나온 염류(곰팡이가 아니라면)다. 보통 무거운 타입의 흙을 쓰고 배수력이 나쁘면 이런 물질이 토양에 더 잘 생긴다. 수돗물을 계속 사용할 거라면 새 영양토로 자주 갈아주는 게 가장 좋은 방법이다. 아니면 두세 달에 한 번씩 정제수를 흙 위로 넘칠 정도로 부어주면 이 물질이 어느 정도 제거된다.

증류수 물을 가열해서 나온 수증기를 응축해 얻어낸 물이다. 증류수는 정제수의 일종이며, 실내식물이 좋아한다. 가열을 하는 과정에서 오염 물질과 미네랄은 증발되지 않고 그대로 남지만, 모든 화학 물질(클로라민 등)을 여과하지는 못한다. 직접 증류를 하면 손이 많이 가므로 간단하게 할 수 있는 키트를 구매하는 것도 좋은 방법이며, 증류수 자체를 사서 쓸 수도 있다. 빗물이나 수돗물을 끓이면 해로운 박테리아나 다른 유해한 유기물을 없앨 수 있다.

염소를 제거한 물 식물에 독이 되는 염소는 소독을 목적으로 수돗물에 첨가되는 물질이다. 자연적으로 염소를 제거하는 가장 간단한 방법은 뚜껑이 없는 용기에 담아서 24시간 볕이 드는 곳에 두는 것이다. 그러면 염소는 휘발성이 강해 날아가게 된다. 그러나 당신이 거주하는 곳의 수돗물에 염소 대신 클로라민이 들어 있다면 이 방법은 효과가 없다. 상수도사업소에 문의해 수돗물에 무엇이 첨가되어 있는지 확인해보자.

역삼투압 방식(RO) 염류, 중금속, 클로라민, 유기물 같은 모든 무기미네랄과 오염 물질을 제거하기 위해 여과 단계를 거치는 정화 방식이다. 이렇게 하면 관수용과 식수용으로 '가장 깨끗한' 물을 얻을 수 있다. 집에 RO 필터 시스템이 있다면 식물에 사용해도 안전하다.

증류수와 역삼투압 방식으로 얻은 물 모두 정제수로 여기지만, 정확하게는 역삼투압 방식이 무기미네랄과 유기미네랄, 오염 물질을 모두 없애서 더 깨끗한 물을 만든다. 그러나 무기미네랄과 유기물까지 날아가기 때문에 비료를 따로 추가해 식물에게 필요한 영양분을 공급해야 할 수도 있다.

관수 방법
저면 관수법 식물에 물을 줄 때는 물이 흙이나 뿌리 체계로 스며드는 대신 흙 표면이나 이끼 위로 넘쳐나는 일이 흔하게 일어난다. 특히 작은 화분의 흙은 건조 속도가 빨라 뿌리 체계까지 완전히 젖도록 물을 주는 게 중요하다.

저면 관수법은 잎이 물에 닿지 않으면서 작은 화분에 있는 흙을 흠뻑 적시는 아주 쉬운 방법이다. 잔뿌리가 긴 끈끈이주걱처럼 물을 좋아하는 식물에 알맞은 방식이며, 아프리칸바이올렛처럼 잎이 물에 닿는 것을 극도로 싫어하는 식물에 물을 주기에도 좋다. 낮은 그릇에 1.3~2.5cm 높이로 물을 받은 후 (물구멍이 있는) 화분을 놓고 흙이 물을 빨아들이도록 두기만 하면 된다. 포팅 믹스 표면이 촉촉해지면 화분을 빼자. 일반적으로 화분이 물속에 있는 채로 계속 두면 안 되지만, 일부 식충식물이나 수생식물의 경우는 화분을 2.5~5cm 물 위에 항상 올려두어야 한다.

정제수를 사용한다면 pH는 중성인 7.0으로 맞춰져 있을 것이다. 그래서 정제수나 pH가 더 높은 알칼리성 물을 줄 때는 식물의 종류(육상 또는 수생)에 따라 비료를 사용해 물이나 배지를 좀 더 산성화시켜야 할 수도 있다.

→ 나의 조그마한 피그미 끈끈이주걱이 물그릇 위에서 수분을 마음껏 취하고 있다.

심지 관수법 많은 식물이 이 방법의 효과를 본다. 촉촉함을 유지하되 과습되거나 질퍽한 상태에 있어서는 안 되는 식물이나 잎에 물이 닿으면 안 되는 식물에는 심지 관수법이 좋은 해결책이다.

우선 용기는 물을 담을 수 있으면서 화분이 수면 위에 떠 있을 수 있는 구조여야 한다. 심지(합성 제품을 쓰면 물속에서도 형태를 잘 유지할 것이다)로 쓸 끈을 준비하고 한쪽 끝을 화분의 물구멍(또는 분갈이할 때 미리 심지를 연결해두자) 사이로 넣어 영양토 속으로 쑥 밀어넣자. 그리고 심지 반대쪽 끝은 물속에 담근다. 그러면 심지가 물을 지속적으로 빨아들여 뿌리층까지 배달해준다.

요즘에는 물 저장통과 식재할 수 있는 화분이 같이 붙어 있는 자동급수 용기도 많이 나와 있는데, 이런 용기를 오야마 화분이라고 부르기도 한다. 일부 자동급수 화분은 통기성 있는 진흙으로 되어 있어 물 저장통의 물 흡수성이 더 좋고, 어떤 제품은 심지 방식으로 나오기도 한다. 아프리칸바이올렛을 비롯한 여러 제스네리아과는 심지 관수법이나 오야마 화분이 딱 맞는 식물이다.

← 위가 뚫린 심플한 플라스틱 용기는 초미니 아프리칸바이올렛에 심지 관수를 할 수 있는 완벽한 받침대와 물 저장소가 되어준다.

습지식 관수법 뿌리층은 계속 촉촉함을 유지하면서 착생하는 뿌리 주변은 통풍이 잘되어야 하는 식물에 적합한 방식이다. 저면 관수법의 변형된 형태이며 이름은 내가 붙였다. 낮은 방수 용기나 접시에 약간의 물을 담고 활착된 난초(또는 다른 착생식물)를 놓는다. 뿌리층에만 물이 닿으면 된다. 아니면 식물이 붙어 있는 재료가 물을 계속 흡수할 수 있거나 심지로 물이 흘러갈 정도면 된다. 수분을 머금은 수태를 추가해 계속 촉촉함을 유지해야 할 수도 있다. 작은 바크나 나뭇가지, 나무고사리 섬유에 활착시킨 초미니 난초에게 특히 유용한 방식인데, 이런 아이들은 뿌리층에 지속적으로 수분이 공급되어야 한다. 대만향란 같은 초미니 난초는 공기 순환이 중요하지만 뿌리층이 절대 건조해지면 안 되기 때문에 나는 빗물과 수태가 담긴 찻잔에 넣어둔다.

↑ 나의 대만향란(하라엘라 레트로칼라)은 뿌리층이 지속적으로 촉촉(완전히 젖은 게 아닌)한 상태를 좋아한다. 그런 점에서 습지식 관수법은 매우 효과적이다.

↑ 찻잔에 물이 얼마나 있는지 한번 살펴보라. 나도풍란이 뿌리를 물에 살짝 담가 자신이 활착한 수태까지 수분을 옮기고 있다.

← 이 깜찍한 모양의 양주잔은 4cm 크기 화분에서 자라는 작은 신닌기아가 완벽한 심지 관수를 할 수 있도록 물 저장통 역할을 톡톡히 해주고 있다.

미니 물조리개 작은 화분에서 자라는 조그마한 녀석, 특히 다육식물에게 물을 주는 일은 평균 크기의 물조리 개나 심지어는 작은 물컵으로 주기도 까다로울 때가 있다. 조금만 빠르게 부어도 금세 물이 넘쳐 배지와 함께 흙이 밖으로 쓸려 내려가는 일이 다반사이기 때문이다. 그리고 어쩌면 조그만 잎에 물이 닿을지도 모른다. 그 래서 끝이 뾰족한 스포이트 형식의 작은 물병을 이용하면 초미니 식물이 자라는 화분이나 바크, 착생식물이 있는 행잉 바스켓에 물 주기가 정말 편리하다. 또한 다육식물, 선인장, 제스네리아과에 관수할 때 잎에 물이 닿 지 않게 할 수 있다.

습도

많은 열대 식물은 중간에서 높은 상대습도를 유지해주어야 생존과 번식에 유리하다. 그리고 습도는 항상 온도 와 관계가 있다. 상대습도는 특정 온도에서 공기가 머금을 수 있는 수증기량과 현재 공기 중 수증기량과의 비 율을 말한다. 예를 들어 현재 기온이 24℃이며 상대습도가 50%라면 공기는 이 온도에서 50%의 수증기를 머 금을 수 있다는 뜻이다. 이 정도면 창가에서 키우는 대부분의 열대 식물에 이상적인 수준이다. 기온은 올라가 지만 공기 중 수증기량이 그대로라면 상대습도는 내려가고, 기온이 내려가면 상대습도는 올라간다.

  습도는 또한 식물의 팽압(세포 속 물의 양에 관여한다)에도 영향을 준다. 일반적으로 식물이 증산작용을 하면 잎에 있는 작은 구멍(기공)을 통해 물과 가스가 들어갔다 나왔다 한다. 상대습도가 높을수록 증산작용으로 수 분이 빠져나가는 속도는 느려지고, 상대습도가 낮으면 팽압이 높아져 수분이 더 빨리 밖으로 빠져나가게 되어 식물이 시들기도 한다. 아프리칸바이올렛 같은 식물은 기온이 올라가면 높은 상대습도를 필요로 한다. 하지만 기온이 매우 높고 상대습도도 높으면 증산작용을 신속하게 진행하지 못해 과열되는 식물도 더러 있다. 반대로 낮은 기온과 높은 습도는 흰가루병이 생기는 공통적인 원인이다. 그래서 키우는 식물의 종과 환경 조건의 균형 을 잘 맞추는 일은 언제나 까다롭다.

← 바깥에 이틀만 놔두어도 제주애기모 람은 바로 시들시들해진다! 그래서 나 는 이 열대 덩굴식물을 유리 덮개로 덮 어 상대습도를 높게 유지한다.

→ 화분에 있거나 착생한 초미니 식물 모두에게 물 주기에는 플라스틱 미니 물조리개만 한 게 없는 것 같다.

식물마다 필요한 습도를 이해하는 것은 초보자들(그리고 경험 많은 재배가 역시!)에게 조금 혼란스러울 수 있다. 예를 들어 아프리칸바이올렛은 야생에서 상대습도가 70~80% 정도 되는 환경에서 자란다. 하지만 일반적인 집(인공적인 창가 재배 환경)에서는 상대습도가 50~60% 정도라도 잘 자란다. 그러니 이 식물이 당신의 집에서 어떤 반응을 보이는지 알고 싶다면 여러 식물종을 키워보면서 실험을 해봐야 한다.

당신이 시간이 많거나 재택근무로 하루에 두세 번 정도 계속 분무할 수 있다면 일부 고습도 육상 또는 착생 식물을 창가에서도 키울 수 있을 것이다. 결국 식물에 대해 배우고 주어진 환경과 습도에 식물이 어떻게 반응하는지 알기 위해서는 시간과 연습이 필요하다.

가습기와 자동 안개 분무기

방에서 열대 식물을 키울 때 제대로 자라지 않는다고 느끼면 가습기 사용을 고려해보는 것도 좋다. 가습기는 보통 물 저장통이나 물 펌프를 포함하고 있고, 일반적으로 입자가 큰 물방울을 만들어낸다. 요즘에는 소형 가습기도 나와서 작은 실내식물 사이에 두기도 좋다. 가습기는 개방된 공간에서도 상대습도를 살짝 올리는 데 도움이 되지만 좁은 공간에서 가장 효율성이 좋다. 하지만 가습기를 쓰면 섬유, 카펫, 나무에 달갑지 않은 흰곰팡이가 생길 수 있다. 그리고 여름에 에어컨을 가동한다면 가습기를 틀어놓더라도 에어컨이 온도를 낮추기 위해 습기를 계속 제거한다는 사실도 알아두자. 가습기는 그로우 텐트나 플라스틱 텐트 안 생장용 선반에 두면 큰 효과를 발휘한다.

자동 안개 분무기는 큰 가습기와 본질적으로 같은 효과를 내지만, 크기가 훨씬 작고 물 저장통이나 펌프가 따로 없다는 게 차이점이다. 물이 담긴 쟁반 등에 자동 안개 분무기를 담가두면 시원한 수증기(미세한 물방울)가 뿜어져 나온다. 이 제품으로 밀폐형 와디언 케이스나 팔루다리움, 테라리움, 비바리움의 상대습도를 올려보자. 나는 습도에 민감한 초미니 난초와 다른 식물을 위해 자동 안개 분무기를 오키다리움에 달고 빗물을 담아 상대습도를 75~90%로 유지한다. 거기다 환기팬을 추가하면 공기와 수증기가 더 잘 순환된다. 일부 자동 안개 분무기는 증류수나 정제수를 사용하면 제대로 작동하지 않으며 빗물이나 수돗물만 사용 가능하다.

← 나의 오키다리움에서 자동 안개 분무기가 시원하게 수증기를 뿜어 내고 있다.

분무

분무를 할까 말까? 모든 식물 집사들이 이 방법에 찬성표를 던지는 건 아니지만 내 경험을 바탕으로 말하자면, 분무는 식물의 종류와 집 안 환경에 따라 결정해야 한다. 매일 식물 주변에 분무를 해주는 게 주변 습도에 큰 영향을 주는 건 아니지만 일부 식물은 증산작용의 속도를 줄이는 데 도움을 받기도 한다.

그러나 공기의 흐름이 없는 상황에서 식물의 잎에 물을 뿌리면, 특히 물방울이 클 경우에는 특정 곰팡이나 박테리아가 생길 수도 있다. 꼭 분무를 하고 싶다면 아침에 가는 입자의 물을 식물 주변이나 식물 위로 분무해서 밤에는 잎이 젖어 있지 않도록 해야 한다. 그렇지 않으면 잎이 병해를 입을 수 있다.

잎과 줄기에 직접적으로 많은 양의 물을 뿌리는 행위는 분무가 아닌 붓는 수준임을 잊지 말자. 공기뿌리를 가진 착생식물, 반착생식물, 덩굴식물은 꼼꼼하게 뿌려주면 좋아한다.

개방형 테라리엄이나 버블볼에서 고습도 식물을 키운다면 매일 식물 위에 분무를 해야 할 수도 있다.

아프리칸바이올렛과 여러 다육식물처럼 솜털이 난 잎을 가진 식물에는 직접적인 분무를 하지 않는 게 좋다. 베고니아속과 여러 제스네리아과 식물 또한 잎에 물이 있으면 잎이 상하거나 썩을 수 있어서 피하도록 한다. 그러나 일부 양치식물은 솜털이 난 잎에 물이 묻어도 괜찮다.

← 분무기나 작은 스프레이 병으로 창가에 둔 화분, 개방형 테라리엄, 밀폐형 테라리엄에서 자라는 식물에게 물을 뿌려주자.

43

↑ 자갈 쟁반에 나의 초미니 싱고니움 '핑크'가 놓여 있다.

자갈 쟁반

자갈 쟁반은 중간에서 고습도를 요하는 식물에 자주 추천되는 제품이다. 낮은 쟁반에 자갈이나 격자형 지지대를 넣은 후 물을 붓고 화분을 놓아두자. 아니면 촉촉한 이끼로 가득 채워도 된다. 다시 말하지만 개방된 곳에서는 이 자갈 쟁반 역시 주변 상대습도에 그다지-또는 전혀-영향을 주지 않는다. 그렇긴 하지만 기도하는 식물처럼 극도로 습도에 민감한 녀석들을 여기에 올려보니 밀폐된 곳이 아니더라도 효과가 있다는 사실을 알게 되었다. 이 쟁반을 와디언 케이스 안에 두거나 클로슈(종 모양의 유리 덮개)로 덮어두면 습도를 확실히 올리는 데 한몫한다.

유리 속에서 키우기

창가보다 더 높은 습도가 필요한 초미니 식물은 와디언 케이스, 클로슈, 뚜껑이 달린 유리 용기에 넣어 키우거나 테라리엄에 심으면 된다. 유리 속 공간에서 고습도 식물을 키울 때의 가장 큰 장점은 물을 자주 줄 필요가 없어 상대적으로 돌보기 쉬워진다는 것이다. 한동안 집을 비울 때도 정말 유용하다. 더 이상 부재중에 집에 있는 조그만 녀석들이 시들 걱정을 하지 않아도 되니까 말이다. 클로슈나 유리 케이스는 세심한 관리가 필요한 고습도 식물을 즉시 관리하기 쉬운 아이들로 변모시켜준다.

클로슈

클로슈는 야외에 있는 식물을 보호하거나 생장을 촉진할 때, 아니면 실내에서 키우는 식물의 주변 습도를 올릴 때 사용하는 작은 유리 용기다. 습도를 올리는 반구형 돔이라 생각하면 된다. 테라리엄에서 자라는 고습도 식물을 외부로 꺼내놓을 때 작은 클로슈가 도움이 된다. 그리고 화분 밑에 작은 쟁반이나 접시를 놓고 클로슈를 덮으면 식물을 놓은 가구나 창틀에 습기가 생기는 현상을 피할 수 있다.

높은 습도를 사랑하는 조그만 식물을 위해 아주 멋진 유리 클로슈에 투자할 수도 있지만 굳이 많은 돈을 들여 비싼 제품을 구입할 필요는 없다고 생각한다. 유리잔을 뒤집어 덮거나 주방에서 흔히 쓰는 유리 보관 용기를 이용하면 저렴하면서 심플한 클로슈를 만들 수 있다.

꺾꽂이를 하거나 모종을 심은 후 막 뿌리를 내리고 싹이 튼 식물 위에 클로슈를 덮어두어도 된다. 줄기꽂이나 잎꽂이를 할 때 유리병 또는 유리잔을 뒤집어 덮어두면 뿌리를 내리는 속도도 빨라진다.

일반적으로 유리 용기에서 키우지 않는 식물에 클로슈를 사용해도 된다. 1~2주 정도 여행을 해야 할 때 식물에 클로슈를 씌워두면 건조해지지 않아서 좋다. 나는 며칠간 물을 주거나 분무를 하지 못하는 상황이 생기면 항상 내 기도하는 식물에 이런 작업을 해놓는다.

↑ 작은 크기의 클로슈가 4cm 크기의 화분에서 자라고 있는 초미니 화초 신닌기아 푸실라 '이타오카'를 덮고 있다.

↘ 일부 클로슈에는 천장에 크고 작은 공기구멍이 있다. 이런 용기는 통풍이 필요한 중간 습도 식물에 안성맞춤이다.

← 심플한 모양의 유리 보관 용기는 나의 셀라기넬라에 잘 어울리는 클로슈가 된다.

유리 보관 용기

앞에서 말했듯이 와디언 케이스는 화분 주변의 습도를 올리는 역할을 한다. 고습도 초미니 식물을 키울 때 저렴한 와디언 케이스를 만드는 가장 쉬운 방법은 가정에서 흔히 쓰는 유리병이나 뚜껑이 달린 보관 용기(유리로 된 쿠키 병, 입구가 넓은 병, 메이슨자 등)를 이용하는 것이다. 이런 용기는 크기가 작아서 한 번씩 뚜껑을 열어 환기를 시켜주는 게 좋다.

고습도 식물이나 모종, 꺾꽂이순을 심을 때 잠깐 사용하는 덮개형 수조 또는 심플한 아크릴 보관 상자를 일컬어 사우나실이라 부르기도 한다. 이런 용기에 영양토나 이끼를 2.5cm 정도 두께로 깔아두면 수분을 추가로 공급할 수 있으며, 그 위에 화분만 올리면 작업은 끝이다.

유리 용기에 식물을 키울 때는 시든 꽃과 잎이 보이면 바로 제거해주어야 식물이 썩지 않는다. 하지만 초미니 식물의 경우 대개 뿌리 체계와 구조가 아주 작고 섬세해서 손으로 시든 잎이나 꽃을 제거하면 뿌리까지 통째로 딸려올 수 있으니 전문 원예 가위를 사용하는 것을 추천한다.

↑ 미니 와디언 케이스 기능을 하는 달걀 모양 유리 용기다. 나의 긴콩짜개덩굴이 이 속에서 행복하게 지내고 있다.

← 예쁜 모양의 동그란 클로슈가 뿌리를 내리고 있는 페페로미아 쿼드랑굴라리스를 잘 덮어주고 있다.

↑ 나는 초미니 신닌기아의 시든 꽃이나 잎을 제거할 때 한 번도 손을 쓴 적이 없다. 항상 깨끗하고 날이 잘 드는 원예 가위를 사용한다!

초미니 식물에 비료 주기

우선 식물에 비료를 주는 문제에 있어 내가 꽤 게으르다는 사실을 먼저 고백해야겠다. 나는 식물 키우기 전문가로서 정원을 꾸미거나 실내식물을 돌볼 때 '적자생존'의 방식을 적용한다. 그리고 다행히 대부분의 실내식물, 특히 초미니 식물은 비료를 많이 주지 않아도 건강하게 잘 자란다.

초미니 실내식물에 수돗물 사용을 꺼리는 사람이 있듯이 합성 비료를 피하려는 사람도 있다. 물론 제품이 효과적이지 않아서 피하는 것은 아닐 것이다. 합성 비료를 주면 식물의 뿌리나 잎이 그 속에 있는 영양분과 미네랄(나트륨)을 바로 흡수한다. 하지만 이 나트륨은 영양토에 축적되어 식물의 손상을 초래할 수도 있다. 초미니 식물은 조그만 용기에서 자라기 때문에 유독 물질도 금방 쌓인다.

또한 식물의 크기가 작다 보니 필요한 비료의 양을 넘기는 일이 흔해서 '뜨거운' 고농도 질소 합성 비료에 잎과 뿌리가 타기도 한다. 코팅된 알갱이 형태의 합성 비료를 영양토와 섞거나 그 위에 뿌려두면 흡수 속도가 줄어서 식물이 화상을 입는 확률도 낮아질 것이다. 그러나 이 역시 적정량을 맞추기 쉽지 않으니 항상 제품 라벨에 적힌 지시를 잘 읽고 적절한 양을 섞은 후 화분에 넣어주어야 한다. 초미니 식물에 합성 비료를 줄 때는 과립 형태 또는 액상 형태를 선택하고, 권장량의 1/4 이상을 주지 않는 게 좋다.

개인적으로 나는 실내식물, 특히 초미니 식물에는 액상 부식질, 해초, 어분 같은 성분이 들어 있는 천연 액상 비료를 선택하고 항상 희석(별도의 지시 사항이 없는 한)한 비료의 1/4 정도를 넣어준다. 다양한 천연 재료가 들어 있는 유기농 액체 비료 제품은 많으니 영양소가 골고루 섞인 '균형 잡힌' 비료를 한번 찾아보길 바란다. 유기농 비료를 쓰면 식물이 화상을 입을 위험이 적다.

비료를 주는 다른 방법으로는 희석한 비료를 중간 습도와 고습도 식물의 잎에 직접 뿌리는 엽면시비가 있다. 하지만 다육식물, 선인장이나 잎에 솜털이 난 식물에는 분무나 엽면시비를 추천하지 않는다.

신닌기아 같은 일부 종은 비료에 특히 민감하다. 나도 정말 소량이지만 제대로 희석하지 않아서 죽이거나 손상을 입힌 적이 몇 번 있다. 식충식물은 대부분 비료를 줄 필요가 없다.

비료 주기 팁 식물이 활발하게 성장하는 시기에 희석한 액체 비료의 1/4을 매달 한 번씩만 주자.

← 나는 작은 스포이트 병에 천연 액체 비료를 넣어둔다. 그러면 물조리개와 분무기에 넣기 한결 편하다.

초미니 식물에 빛 제공하기

실내식물에게 어느 정도의 빛을 쏘이게 할지에 대한 문제는 초보자나 경험자 모두에게 매우 까다로운 주제다. 빛의 양에 따라서 식물을 몇 가지 범주로 나누기도 하는데, 가령 강한 빛을 좋아하는 식물, 중간 빛을 좋아하는 식물, 약한 빛을 좋아하는 식물처럼 말이다. 그리고 실내식물의 경우 대개 밝은 산란광이나 밝은 간접광 정도면 충분하다. 무슨 말이냐고? 계속 읽어보도록 하자.

빛의 세기

일반적으로 실내에 밝은 산란광이나 밝은 간접광이 들어오면 당신은 그 공간이 밝다고 느낄 것이다. 하지만 식물의 입장에서는 햇빛을 직접적으로 받지 못하는 공간이라는 의미가 될 수도 있다. 즉 실내의 '밝은 산란광'은 실외의 약한 빛(가려진 음지) 정도라 생각하면 된다.

이 책에 나오는 대부분의 열대 관엽식물과 많은 초미니 식물은 약한 빛에서 중간 빛 정도만 받아도 잘 자랄 것이다. 하지만 햇빛을 흠뻑 받아야 하는 여러 다육식물과 선인장 같은 양지 식물은 직사광선에 두거나 식물 생장등으로 보충해주어야 한다.

그리고 보통 창가의 방향에 따라서도 선택할 식물의 종류는 달라진다. 식물에게 가장 중요한 것은 하루 동안 광합성에 쓸 수 있는 빛의 총량(DLI 또는 일광적분)인데, 창가 방향에 따라 같은 직사광선이라도 총 광량이 다르기 때문이다(자세한 내용은 170쪽 참조).

북반구에서는 차단물이 없는 남쪽 창가에 전형적으로 가장 많은 빛이 들어오기 때문에 강한 빛이 필요한 식물에게 안성맞춤인 장소다. 그러나 직사광선이 많이 들어오기 때문에 약한 빛이나 중간 빛을 좋아하는 식물을 거기에 두면 잎이 탈 수도 있다. 이럴 때는 남쪽 창가에서 30~60cm 정도 떨어진 곳에 두면 된다. 동쪽 창가는 중간 빛 또는 반양지 식물과 실내식물 대부분이 가장 좋아하는 장소다. 아침 해는 일반적으로 오후보다 강렬하지 않기 때문이다. 서쪽 창가에는 보통 중간 빛을 받는 식물, 다육식물, 선인장류를 두면 된다. 몇 시간 정도의 직사광선은 잘 견디는 아이들이다. 북쪽 창가는 광량이 가장 적으며, 특히 지붕에 차양이 설치되어 있거나 빛을 가리는 차단물이 있다면 광량은 더 줄어들 것이다. 이런 장소는 매우 약한 빛만 허용하는 식물에게 적당하다. 아니면 식물 생장등을 추가하는 것도 하나의 방법이다. 남반구는 방금 설명한 것과 반대로 생각하면 된다.

또한 빛의 강도와 지속 시간은 계절에 따라 다르다. 여름에는 더 세고 길며, 겨울에는 더 약하고 짧다.

빛 세기의 차이는 식물의 번성과 생존에도 영향을 준다. 많은 식물이 광범위한 빛의 조건에서도 잘 자라고 이상적인 수준보다 더 적게 빛을 받더라도 살아남지만, 더 활발하게 크지 않을 수 있으며 정량의 물을 주더라도 약한 빛 때문에 수분이 남아서 문제가 될 수도 있다. 아프리칸바이올렛을 포함한 많은 화초류는 적은 빛을 받는 환경에서도 자라는 데 문제가 없지만 꽃을 피우지 않을 수 있다. 그러니 약한 빛을 견딜 수 있는 식물이라도 무조건 당신의 기대에 부응할 거라는 생각은 하지 말자. 식물의 줄기가 가늘어지거나, 전체적으로 시들시들하다면 좀 더 볕이 잘 드는 곳으로 옮기거나 식물 생장등을 설치해야 한다.

일반적인 빛의 세기

빛의 세기에 따른 평균 DLI와 대표 식물 등을 포함해 몇 가지 사항을 표로 정리해보았다. 가장 이상적인 수치를 나타냈기 때문에 실제로 식물은 그보다 더 높거나 낮은 정도에도 잘 견딜 것이며, 이들의 활동 역시 다양할 것이다. 대부분의 식물이 하나 이상의 카테고리에 속한다.

빛 세기	외부 조건	직사광선	평균 DLI	해당 종
강한 빛 (차단물 없는 남향)	양지	6~8시간	18~30mol/m²/d	알로에, 카틀레야, 세팔로투스, 덴드로븀, 끈끈이주걱, 석연화(에케베리아), 떡갈고무나무, 리톱스, 여러 다육식물, 선인장류, 앵초, 세둠, 세네시오, 쉐프렐라, 반다
중간 빛 (동향 또는 서향)	반양지/반음지	3~4시간	11~16mol/m²/d	베고니아, 브로멜리아드, 드라세나, 하워르티아, 큰 신닝기아, 다육식물 페페로미아, 벌레잡이제비꽃, 스트렙토카르푸스, 땅귀개
약한 빛 (동향 또는 동북향)	큰 나무 등에 가려진 밝은 음지	사이사이 비치는 직사광선, 높은 나무 가림	6~10mol/m²/d	아글라오네마, 아누비아스, 드라큘라, 여러 글록시니아, 여러 양치식물, 루디시아, 여러 관엽식물, 마스데발리아, 몬스테라, 초미니 페페로미아, 팔레놉시스, 아프리칸바이올렛, 마이크로 신닝기아, 싱고니움
아주 약한 빛 (북향 또는 실내)	아주 어두운 음지	직사광선 없음, 무성/낮은 나무 가림	3~6mol/m²/d	여러 양치식물과 양치식물 친척 종, 에피프레넘, 마란타, 이끼, 필로덴드론, 셀라기넬라, 스파티필룸, 금전수

자연광 측정

빛을 정확하게 측정하고 DLI를 이해하는 일은 실내식물에게 정확한 빛을 성공적으로 제공하는 열쇠다. 그렇지만 위에서 소개한 표만으로도 실내식물을 가꾸는 사람들에게 많은 도움이 될 것이라 확신한다. 당신도 꾸준히 배우고 경험하다 보면 언젠가는 현재 실내의 빛 세기가 어떤지, 어떤 식물을 어떤 장소에 놓아야 최적의 선택이 될지를 '눈대중'으로, 그리고 직감으로 알아차리는 능력을 갖추게 될 것이다. 여러 장소에서 다양한 식물을 키우며 시행착오를 겪다 보면 어떤 식으로 자연광을 이용해야 할지도 알게 된다. 결국 연습만이 살길이다.

비싼 도구 없이 주변 빛의 세기를 측정할 수 있는 간단한 방법에는 지표식물(생활 환경에 민감하게 반응하는 식물을 말하며, 지시식물이라고도 한다-옮긴이)을 이용하는 것도 있다. 당신이 생각할 때 빛이 많이 들어오는 공간이 있다면 석연화(에케베리아)나 세둠 같은 양지 다육식물을 몇 주간 거기에 놓고 상태와 활동을 지켜보자. 더 이상 자라지 않거나 생기가 부족하다면 빛이 충분하지 않다는 의미다. 가령 줄기가 빛을 찾아 웃자라기 시작하고 잎 색이 옅어지면 좀 더 밝은 곳으로 옮겨 상태가 나아지는지 확인해보자.

반대로 양치식물같이 어두운 곳에서 자라는 식물을 이용해 강한 빛/직사광선~중간 빛이 들어오는지 확인해도 된다. 잎이 바래거나 시들하면 적은 빛을 받아야 하는 식물에게 적합한 장소가 아니다. 그러나 식물이 잘 자란다면 이 장소는 적은 빛을 받거나 어두운 곳을 좋아하는 음지 식물을 놓아두어도 된다는 의미다. 빛 세기를 정하는 데 좀 더 기술적인 정보를 알고 싶다면 170쪽 '빛 측정하기' 부분을 참조하자.

인공 식물 생장등

아쉽게도 지금 우리 집은 자연광이 많이 들어오지 않는 편이다. 창문은 대부분 북향이고 지붕도 튀어나와 있다. 그래서 이곳은 약한 빛이나 아주 약한 빛을 받고 사는 식물들이 차지하고 있다. 나는 나머지 식물을 위해 보조적으로 식물 생장등을 집 안 곳곳에, 심지어는 창가에 있는 식물 근처에도 설치해주었다. 이 책에 나오는 여러 초미니 식물, 특히 다육식물과 화초류는 식물 생장등이 달린 선반과 조명이 설치된 테라리엄 또는 멋진 디자인의 전등이 설치된 방 안에 있다.

초미니 식물의 큰 장점 중 하나가 굳이 큰 제품을 쓰지 않아도 이 녀석들을 행복하게 만들어줄 수 있다는 것이다! 작은 생장등만으로도 장소에 구애받지 않고 조그마한 식물을 키울 수 있다. 심지어는 E26이나 E27 베이스의 LED 또는 CFL 램프(전구)를 써도 된다. 일반적으로 E26과 E27도 호환이 되지만, 먼저 집 조명의 전압을 확인해보는 게 좋다. E27 전구는 일반적으로 E26 조명 기구에 사용하는 것이 그다지 위험하지 않지만, E27 조명 기구에 E26 전구를 넣는 행동은 피하는 게 좋다.

풀 스펙트럼 HO T5 형광등과 LED 생장등은 초미니 식물을 키울 때 쓰기 가장 유용한 형태다. 램프의 와트 수는 빛의 질에 영향을 주지 않는다. 하지만 기본형을 사용하면 다양한 식물의 종류와 크기 모두를 아우를 수 있어서 좋다. 예를 들면 9W 전구는 평균 크기의 실내식물 하나에 약간의 빛만 보충해주는 정도이며, 조그만 공간의 초미니 종의 경우 몇 개를 더 만족시킬 수 있다. 그러므로 당신이 창가 미니 정원에 빛을 보충하고 싶거

← 조절 가능한 LED 생장등을 책 선반 천장이나 탁자 위에 설치해볼 수 있다. 왼쪽 책 선반에는 약한 빛(음지/부분부분 받는 빛)을 받는 양치식물들을 모아두고 매일 8시간 동안 전구를 켜놓는다. 그리고 오른쪽 선반에는 중간(반양지/반음지) 빛을 받는 화초류를 두고 매일 12시간 동안 켜놓는다.

← ↑ 이 작고 매력적인 LED 등 선반은 벽에 걸거나 탁자 위에 쌓아둘 수 있다. 초미니 식물 컬렉션을 키우기에 완벽한 공간이다.

맞은편: 방향성 LED 생장등을 사용하면 초미니 식물을 당신의 생활공간 옆에 두더라도 빛을 항상 보충해줄 수 있어서 좋다.

나 여러 종의 초미니 식물에게 빛을 동시에 제공해주고 싶다면 9W가 아닌 20~40W 전구를 쓰는 게 더 효율적이다. 40W 이상 전구는 선반 전체를 채우고 있는 작은 다육식물이나 중간 빛을 좋아하는 큰 실내 관엽식물에게 도움이 된다. 하지만 이 또한 일반적인 기준임을 알아두자.

빛이 관수에 미치는 영향

식물을 키울 때는 빛과 물의 관계를 이해하는 게 특히 중요하다. 식물이 빛을 적게 받으면 광합성과 증산작용의 속도도 평소보다 느려진다. 즉 식물은 더 많은 양의 빛을 받을 때보다 뿌리층에서 물을 빨리 끌어다 쓰지 못한다는 말이다. 따라서 빛의 영향을 미처 생각하지 못하고 약한 빛을 받는 환경에 있는 다육식물에게 표준량으로 관수를 하는 바람에 식물이 침수되는 일은 정말 흔하다. 특히 초보 식물 집사들이 실내에서 다육식물을 키울 때 보편적으로 겪는 일이기도 하다. 이럴 때는 빛이 더 잘 들어오는 곳으로 식물을 옮기면 뿌리가 흙에 있는 수분을 더 빨리 흡수할 수 있을 것이다.

식물 생장등을 사용한다면 얼마나 켜놓아야 할까? 램프의 종류와 식물종, 주변광에 따라 다르겠지만 일반적으로 하루에 12~14시간 동안 생장등을 켜놓으면 야외에서 받아야 하는 빛의 양과 거의 비슷(다시 말하지만 램프의 종류에 따라 다르다)하다고 보면 된다.

식물은 축적했던 빛을 전체적으로 나누어 쓰기 때문에 램프를 켜놓는 시간을 줄이거나 늘려서 필요한 만큼의 DLI를 충족시켜주어야 한다. 동일한 생장등을 사용한다면, 음지 식물은 주변광과 함께 생장등을 6~8시간 동안 켜놓고, 양지 식물은 12~14시간 정도 켜놓으면 된다.

환경광이 중간 정도 밝기이고, 생장등으로 보충해줄 수 있다면 불을 켜두는 시간을 몇 시간 정도 줄이더라도 식물에 큰 피해는 없을 것이다. 그러나 초미니 식물에게 줄 빛이 오직 생장등(창문이 없는 방이라든지 밀폐형 그로우 텐트)밖에 없다면 10시간 이상은 켜두어야 한다. 물론 식물종마다 다르긴 하지만 보통 16~18시간 정도는 되어야 충분한 양의 빛을 받을 수 있을 것이다.

일반적인 추천 사항: 초미니 식물의 경우 1,858cm² 당 20W 램프를 설치해주면 적당하다.

←이 풀 스펙트럼 20W LED 생장등은 다육이들이 건강하게 자라날 수 있도록 빛을 보충해준다.

식물이 조명 가까이에 있다면 더 많은 빛을 받게 될 것이다. 그러므로 태양을 사랑하는 식물과 모종은 램프에 더 가까이 두어도 된다. 일반적인 양지 화초는 램프에서 30cm 정도 떨어진 곳에 두면 되고, 중간이나 약한 빛을 좋아하는 식물을 위해 빛 세기를 조금 줄이려면 램프를 식물 위쪽에 설치해주자. 식물이 램프와 너무 가깝게(색이 바래거나 화상을 입는다) 있는지, 아니면 너무 멀리(빛을 찾아 웃자라거나 꽃을 피우지 않는다) 있는지는 식물 상태를 보면 바로 알 수 있다.

생장등에 대해 더 자세히 알고 싶다면 필자의 다른 저서 『빛에 따른 가드닝: 실내식물 재배가를 위한 완벽 가이드 Gardening Under Lights: The Complete Guide for Indoor Growers』를 참고하기 바란다.

초미니 식물 번식시키기

초미니 식물 수집을 시작했다면 곧 번식에도 관심이 생길 것이다. 자신이 사랑하는 식물이 늘어난다는데 싫은 사람이 있을까? 종마다 번식에 필요한 요건과 환경은 다르며, 번식 방법 또한 제한이 있다. 원예종은 종자 번식을 하게 되면 모체와 같은 특징을 갖지 못하며, 특허를 받은 종을 번식시키는 것은 불법임을 기억해두자.

무성생식

많은 초미니 식물이 '클로닝'이라고도 부르는 무성생식으로 번식할 수 있다. 포도스 아이비의 줄기나 무늬접란의 자구(본 줄기에서 나온 작은 줄기-옮긴이)를 꺾어 물에 담가놓는 방식은 성공 확률이 높아 초보 식물 집사들이 처음에 많이 시도해보는 방법이다. 목표는 자른 부분이 썩지 않고 뿌리를 내리게 하는 것이며, 빠르게 뿌리를 내릴수록 성공할 확률은 높아진다.

무성생식의 일종인 영양생식은 '모체'에서 조직을 떼어내서 새로운 뿌리를 내리고 새순이 나게 하는 것이다. 반드시 건강한 모체를 선택해서 자르거나 나누기를 해야 한다. 방법은 대체로 다음과 같다.

* 줄기꽂이	* 근경꽂이
* 잎눈 꺾꽂이	* 덩이줄기 나누기, 알줄기 나누기
* 잎꽂이	* 구근 나누기
* 잎자루꽂이	* 자구꽂이
* 잎맥꽂이	* 클럼프(줄기들이 모여 덩어리를 이룬 것-옮긴이) 나누기

줄기꽂이나 잎꽂이는 초미니 식물 번식에서 가장 흔하게 사용되는 방식이다. 당신도 줄기와 잎을 떼서 깨끗한 물에 담가놓기만 하면 뿌리를 내리게 할 수 있다. 물 외에도 다양한 배지를 이용할 수 있다. 나는 보통 병해와 부식을 방지할 수 있는 불활성 배지(유기농 물질이 아닌) 사용을 추천한다. 촉촉한 수태, 코이어, 암면, 오아시스 블록, 레카, 살균된 포팅 믹스 같은 재료가 가장 좋다.

열대 식물의 경우 자른 부분을 유리 용기에 넣거나 클로슈로 덮어두면 습도가 올라가 뿌리를 더 빨리 내리게 할 수 있다. 아니면 자른 줄기에 식물 생장 조정제를 사용하면 뿌리 생성이 빨라진다. 물꽂이를 할 때는 항상 깨끗한 물(정제수가 가장 좋다)을 사용하고 적어도 매주 새 물로 갈아주어야 한다.

　약한 빛이 비치고 생장등이 없는 곳에서도 뿌리를 내리게 할 수 있다. 새로운 잎눈이 나오기 전까지는 집으로 들어오는 적은 자연광만으로도 충분하다.

　식물의 무성생식에서 볼 수 있는 또 다른 매력적인 형태가 무성아다. 무성아는 잎 구조가 바뀌면서 완전히 새로운 클론 식물이 새순처럼 자라난 것이다. 성체가 된 무성아를 모아 종자처럼 발아시켜보자. 이 책에 나오는 피그미 끈끈이주걱과 벌레잡이제비꽃이 무성아를 생성하며 그 외 종류로는 이끼와 우산이끼, 곰팡이와 조류가 있다.

↑ 신닌기아와 베고니아의 잎자루 부분을 잘라 물에 담가놓았다. 단면에서 자라난 캘러스(식물의 조직화되지 않은 유세포 덩어리를 일컫는다-옮긴이)와 새 뿌리를 보라.

← 하트 모양 잎을 가진 필로덴드론의 줄기 끝을 잘라 물속에 담가놓았더니 천천히 뿌리가 자라나기 시작했다.

↑ 마르크그라비아 움벨라타처럼 줄기끝꽂이를 할 때는 깨끗하고 날카로운 원예 가위를 쓰는 게 중요하다.

↑ 이런 식으로 줄기를 몇 개 잘라놓았더니 공기뿌리가 줄기를 따라 나오기 시작했다.

↑ 뚜껑이 있는 유리 용기에 촉촉한 수태를 깔고 줄기를 꽂아 뿌리를 내리는 방식은 효과적인 번식 방법이다.

베고니아 잎자루 부분을 잘라 물꽂이를 했더니 새순이 올라오고 있다.

석연화(에케베리아)를 잎꽂이했더니 새 뿌리와 새순이 나오고 있다. 다육식물을 꺾꽂이할 때는 따로 덮개를 씌울 필요가 없다.

높은 습도를 유지하는 유리 용기에서 페페로미아 프로스트라타를 줄기꽂이했더니 빠르게 뿌리를 내렸다.

녹영은 줄기꽂이, 포기 나누기, 종자로 번식시킬 수 있다.

미니 아프리칸바이올렛을 촉촉한 포팅 믹스에 잎자루꽂이했더니 뿌리가 잘 자라났다.

알바선인장의 경우 자구 번식이 가장 높은 성공률을 자랑한다.

신닌기아를 수태에 줄기끝꽂이해서 유리 용기에 두었더니 새 뿌리가 흙 바로 위에서 자라고 있다.

은천녀 또는 그랍토페탈룸 루스비(에케베리아 루스비) 밑동에 난 자구를 잘라 화분에 심어놓았다.

유성생식

화초류는 암수가 구별되어 있고 종자로 번식한다. 많은 초미니 식물들이 꽃을 피우지만, 그 씨앗이 (현미경으로 봐야 할 정도로) 너무 작아서 성공적으로 씨앗을 채취하고 발아시키기가 여간 까다로운 게 아니다. 그렇지만 이런 어려움을 딛고 초미니 식물을 씨앗부터 키우는 데 성공한다면 그만큼 보람도 클 것이다.

꽃을 피우고 씨앗을 만드는 일은 많은 에너지가 필요하다. 그래서 관엽식물이나 비화초류보다 화초류가 더 많은 빛을 받아야 한다. 식물에서 채취한 씨앗이 발아하면 모체와 같은 특징을 가지게 된다.

그러나 다른 가까운 친척 종이나 변종과 자연적으로 또는 인공적으로 교배를 했다면 채취한 씨앗은 모체와 같은 특징을 갖지 못할 것이다. 그러므로 원예종이나 변종에서 채취해 키운 모종은 자라서 양친 중 어떤 종의 특징을 가질지 알 수 없다. 또한 일부 교배종은 발아가 가능한 씨앗을 만들지 못할 수도 있다. 따라서 원예종을 번식시키고 싶다면 발아가 가능한 형태의 생식법을 따라야 한다.

쉽게 채취할 수 있는 씨앗을 생산하는 초미니 꽃이 있는가 하면 특별한 수분 조건 때문에 번식이 까다로운 종도 있다. 또는 씨앗이 너무 작아서 채취 자체가 엄청난 도전이 될 수 있는 식물도 있다. 별다른 준비 없이도 쉽게 싹이 트는 씨앗이 있고, 다육식물이나 선인장처럼 성공적으로 싹을 틔우기 위해 특별한 종피파상법이나 층적 같은 기술이 필요한 식물도 있다.

아프리칸바이올렛을 예로 들어보자. 이 식물은 수꽃의 화분을 암꽃에 수분시켜야 씨앗을 만든다. 만약 수정이 성공하면 씨앗을 싸고 있는 꼬투리는 4~6개월간의 성숙 과정을 거칠 것이다. 당신이 그 이후에 현미경으로 봐야 할 정도로 작은 씨앗을 가까스로 채취했다면 성공적으로 싹을 틔우기 위해 빛을 받을 수 있는 환경에 두어야 한다. 이러한 과정은 꽤 복잡해서, 심지어 경험자들도 어렵다고 느낄 정도다. 그리고 기억해야 할 부분은 일반종이나 자연적으로 생겨난 변종의 씨앗만이 모체와 같은 특징을 가질 것이란 사실이다. 교배종에서 얻은 모종은 무작위적으로 모습이 나타난다. 다행히 아프리칸바이올렛은 몇 가지 영양생식 방법을 이용하면 쉽게 번식시킬 수도 있다.

← 나는 초미니 리빙스톤과 여러 다육이들을 씨앗부터 키우는 걸 즐긴다. 아기 모종이 굉장히 귀엽기 때문이다!

→ 키리타 타미아나 메이시(프리뮬리나 타미아나)는 상대적으로 쉽게 채취할 수 있는 큰 씨앗을 아주 많이 생성한다. 이 녀석도 일반종이라 모종은 모체와 같은 특징을 가질 것이다.

종마다 씨앗을 생성하고 발아하는 데 특별한 요구 사항이 있다. 일반적으로 싹이 트는 데는 많은 빛이 필요해서 식물 생장등을 어느 정도 거리를 두고 설치해 하루에 14~16시간 정도 빛을 받게 해야 한다. 일단 잎이 나오기 시작하면 화상을 입지 않도록 생장등을 더 멀리 떨어뜨려야 한다. 모종의 뿌리가 자라나 밖으로 튀어나오거나 용기를 가득 채우면 분갈이를 해야 할 때다.

양치식물, 우산이끼, 이끼, 조류와 같이 꽃을 피우지 않는 일부 식물은 씨앗 대신 포자를 생산한다. 이들은 양치식물 이파리 뒷면에 있는 포자낭에서 포자를 만들며, 운이 좋다면 일명 전엽체라 불리는 하트 모양의 배우체(정자와 난자를 만드는 식물체-옮긴이)로 자라난다. 각 전엽체에는 정자를 만드는 장정기와 난자를 만드는 장란기가 있다. 그리고 정자가 배출되면 수정을 위해 수분이 있는 곳을 따라 난자에게 헤엄쳐서 간다. 수정에 성공한 접합자는 배(胚, 어린 홀씨체)가 되며, 자라면서 성체 양치식물이 된다. 그리고 이 과정은 계속 반복된다. 포자를 모아 발아시켜 당신만의 아기 양치식물을 키워보자. 단 정자에게는 난자로 헤엄쳐서 가기 위해 충분한 수분이 필요하다는 사실을 유념해야 한다.

식물 번식의 기본을 알고, 영양생식과 종자 번식에 관한 여러 기술을 배우고 싶다면 필자의 다른 저서 『식물 집사 되기: 더 많은 실내식물, 채소, 꽃을 키울 수 있는 간단한 방법Plant Parenting: Easy Ways to Make More Houseplants, Vegetables, and Flowers』을 추천한다.

↑ 초미니 신닌기아 푸실라 '이타오카'에서 얻은 씨앗은 크기가 거의 먼지급이다! 이 종은 양친 종에서 자연적으로 생겨난 변종이라서 모체와 같은 특징을 가질 것이다.

→ 적갈색 포자낭군(다수의 포자낭이 집합해 있는 것)이 긴콩짜개덩굴 이파리 뒤쪽 여기저기에 잔뜩 붙어 있다. 성숙한 포자를 발아시키거나 근경꽂이 방식으로 영양생식을 해보자.

3

초미니 창가 식물

창가에 두고 키우는 초미니 식물은 일반 가정의 평균 습도와 기온에서도 잘 자란다. 집이 특히 건조한 편이라면 때때로 분무를 해주면 더 좋아하는 종도 일부 있다. 어쨌든 이런 자그마한 식물은 종류에 따라 적절한 빛이 들어오는 위치에 두면 된다. 초미니 창가 식물은 또한 인공조명이 있는 사무실 같은 곳에서도 키우기 좋으며, 크기가 작아 책상 구석에 놓기 알맞다.

창가에서 키우는 여러 열대 식물들은 테라리엄이나 유리 용기에서도 대개 잘 자란다. 하지만 이런 식물도 뿌리 체계가 과습되는 걸 싫어하기 때문에 배수와 통풍은 신경 쓰도록 하자.

'같은 방식으로 키울 수 있는 종' 부분에
더 많은 초미니 창가 식물을 소개해두었으니
비슷한 조건의 식물을 수집하고 가꿔보자.

→ 내가 정말 좋아하는 식물 중 하나인 초미니 양치식물, 네프로레피스 엑셀타타(보스턴고사리) '플루피 루플스'다.

관엽식물

천남성과나 여러 관엽식물이 인기를 끌고 있다. 그렇다면 분명 자신의 수집 목록에 추가할 미니어처 버전을 찾고 싶은 열정이 샘솟는 식물 집사들도 있을 것이다. 특히 덩치가 큰 관엽식물 때문에 장소가 더 협소해졌다면 말이다.

낮은 습도에서도 잘 자라는 초미니 창가 식물은 대부분 다육식물이다. 열대 관엽식물 중에서 가장 작은 종은 보통 높은 습도를 요구하기 때문에 창가가 아닌 유리 용기 안에서 자라는 게 가장 좋다. 여건이 되지 않는다면 주기적으로 분무라도 해주어야 한다. 그러나 창가나 책상 위에서 잘 자라는 초미니 열대 식물도 몇 가지 있다.

참고로 창가에서 키우는 열대 관엽식물에게 붙는 '초미니'라는 명칭은 객관적인 크기보다는 보통 양치 또는 친척 종의 크기와 비례하는 경우가 많다.

← 나는 5cm 화분에서 자라고 있는 초미니 식물 몇 개를 골라 창가에 두었다.

베고니아 콘치폴리아 루브리마쿨라

불스아이 베고니아

대부분의 실내식물 집사들도 이 식물을 보면 잠시 움찔하곤 한다. 무심코 유명한 필레아 페페로미오이데스나 페페로미아라 생각해버리는 것이다. 아니, 전혀 다른 녀석이다! 이 조그만 식물은 앞서 말한 상관도 없는 종과 매우 비슷하게 생겼고, 베고니아라기보다는 다육식물처럼 보이는 독특한 식물이다. 잎자루와 통통하고 반질 거리는 조개 모양 잎몸이 만나는 지점에 보이는 붉은 반점은 특히 인상적이다. 늦겨울과 초봄 사이에는 잎에서 5~8cm 정도 올라온 꽃자루 위에 향기로운 흰 꽃이 난다. 코스타리카, 엘살바도르, 파나마의 열대우림에서 자 생하는 식물이다.

크기 베고니아 콘치폴리아는 포복 근경이 함께 자란다. 잎의 크기는 2.5~5cm이며 길이는 13~20cm까지 다 양하다. 우리 집에서 크는 녀석은 8cm 화분에서 자라고 있고 평균 길이는 15cm 정도 된다.

돌보기 이 식물은 약한 빛에서 중간 정도 빛 세기의 실내에서도 아주 잘 자란다. 야외의 반음지 정도로 생각 하면 된다. 동쪽 창가에 두어도 되지만 직사광선이 강하게 들어오면 조금 안쪽으로 옮겨야 한다. 또는 저광도 식물 생장등 밑에서 키우면 중간 세기의 빛을 받을 수 있다.

관수는 때에 맞춰 철저히 지켜야 하지만 다른 근경성 베고니아처럼 이 식물도 물을 주기 전에 흙이 살짝 건 조한 상태를 좋아한다. 그리고 과습된 채로 두면 빠르게 썩는다. 물은 미지근해야 하고 찬물은 절대 금지다. 방 법은 저면 관수가 가장 적절하다. 통기성 좋은 토분에 식재하면 뿌리 통풍에 좋다.

베고니아 콘치폴리아는 환기가 잘되고 60~80% 정도의 습도인 환경이 최적이지만, 일반적인 가정에서도 자 라는 데 문제가 없다. 다른 여러 베고니아처럼 화분에 심어 창가에 두는 게 가장 무난하며, 개방형 버블볼과 테라리엄에 심거나 화분째로 두는 것도 괜찮다.

식물 종류 • 육상식물

난이도 • 초급~중급

적정 광량 • 중간 정도의 빛, 직사광선이 없는 곳

용토 • 통기성과 배수성이 좋은 것

관수 • 자주 물 주기, 살짝 건조함 유지

습도 • 중간~높게 유지

온도 • 따뜻하게 유지, 10~30℃

비료 • 봄~가을까지 한 달에 한 번씩 희석한 비료의 1/4 시비

크기 • 길이와 너비 13~20cm

번식 방법 • 잎꽂이, 잎자루꽂이, 근경꽂이, 종자

같은 방식으로 키울 수 있는 종 • 베고니아 폴리오사, 베고니아 하이드로코틸리폴리아, 베고니아 닝민겐시스 '벨라'

← 이 베고니아 콘치폴리아는 5cm 토분에서도 행복하게 자라고 있다.

초미니 기도하는 식물, 헤링본 식물

기도하는 식물은 항상 많은 식물 집사의 마음을 사로잡는 매력적인 녀석이다. 독특한 문양의 잎이 빛에 따라 접히는 모습은 언제 보아도 황홀하다. 현재 40~50여 종이 있다고 알려졌지만, 시중에서 구매할 수 있는 종은 마란타 레우코네우라와 아주 가까운 종인 칼라테아 정도다. 기도하는 식물은 더 큰 친척 종과 모양이 거의 똑같다. 옅은 이끼 색의 잎에는 이 종들의 특징인 토끼 발자국 문양이 새겨져 있다. 좁은 창가나 책상에 두기 완벽한 식물이다. 이 녀석은 가끔 옅은 자주색 꽃을 작게 피우기도 한다. 현재 중앙아메리카, 남아메리카, 서인도 제도의 따뜻한 열대 지역에서 자생하며, 습지에서 근경성 클럼프 형태로 자란다.

크기 기도하는 식물은 줄기가 자유롭게 뻗어나갈 수 있는 환경이라면 일반적으로 길이 13cm, 너비 30cm 정도로 자랄 수 있다. 다 자란 잎은 8~10cm 정도 된다.

돌보기 실내식물로는 다소 까다롭기로 유명한 식물이다. 약한 빛에서도 괜찮지만 중간 정도의 빛을 받는 환경에서 더 활발하게 자란다. 북쪽 창가나 이와 비슷한 광량에 노출하되 식물이 조금 힘이 없다 싶으면 동쪽 창가에 두도록 하자. 빛을 너무 많이 받으면 잎이 바랜다. 기도하는 식물은 촉촉한 상태를 계속 유지해야 하지만 배수도 중요하므로 물에 담가두면 안 된다. 잎끝이 말리거나 갈색으로 변하면 수분이 더 필요하다는 신호다. 매일 물을 뿌려주거나 자갈 쟁반을 사용해보자.

　기도하는 식물의 짧은 뿌리 때문에 키우는 데 어려움을 겪는다면 뿌리층에 수분 공급이 용이하도록 입구가 넓고 높이가 낮은 화분으로 바꿔보는 것도 하나의 방법이다. 만약 작은 행잉 바스켓이나 벽에 걸어두는 용기에서 키운다면 길고 풍성한 줄기가 폭포수처럼 쏟아지는 모습을 구경할 수 있을 것이다. 이 식물은 뿌리 쪽만 촉촉하게 해주면 창가에서도 잘 자라며, 크기가 매우 작아서 유리 클로슈로 덮어두거나 배수가 잘되는 테라리엄에 심기에도 좋은 식물이다.

식물 종류 · 육상식물, 근경식물

난이도 · 초급~중급

적정 광량 · 약한~중간 세기의 빛, 직사광선이 없는 곳

용토 · 통기성과 배수성이 좋은 것

관수 · 자주 물 주기, 과습에 주의하며 항상 촉촉함 유지

습도 · 중간~높게 유지

온도 · 따뜻하게 유지, 20~27℃

비료 · 봄~가을까지 한 달에 한 번씩 희석한 비료의 1/4 시비

크기 · 길이 13cm

번식 방법 · 근경꽂이, 줄기꽂이, 뿌리 나누기

같은 방식으로 키울 수 있는 종 · 칼라테아 '도티', 해마리아 보석란(루디시아 디스컬러), 마코데스 페톨라

←나의 기도하는 식물이 5cm 크기의 용기에서 자라고 있다.

황금 잎맥 토끼풀

옥살리스(사랑초)는 정원에서 흔히 볼 수 있는 매력적인 식물이지만 실내에서도 쉽게 키울 수 있다. 보통 가짜 토끼풀(트리폴리움 리펜스가 진짜 토끼풀이다)이라 불리며, 작은 크기의 예쁜 종이 많다. 황금그물무늬사랑초는 강렬한 노란색에서 주황색 잎맥을 가지고 있고, 키우기도 정말 수월해 내가 좋아하는 종류다. 나는 관엽식물로 이 종을 키우긴 하지만 분홍빛 통상화(꽃잎이 서로 달라붙어 대롱 모양으로 생기고 끝만 조금 갈라진 작은 꽃. 백일홍과 국화 등이 있다-옮긴이)를 피우기도 한다. 이 식물은 좁은 창틀이나 책상에 놓기 완벽한 친구다. 황금그물무늬사랑초는 어두워진 후 2시간이 지나면 잎을 닫고, 빛을 받으면 잎을 다시 편다! 남아메리카가 원산지이지만 남극을 제외한 전 세계에 퍼져서 자라고 있다.

크기 실내에서는 일반적으로 15cm 정도 자란다. 빛을 더 밝게 비추면 좀 더 작은 상태를 유지해 10cm 정도 되고, 꽃은 잎보다 조금 더 길다. 구근이 자라면 크기가 더 커져서 결국 화분을 가득 채우게 될 것이다.

돌보기 황금그물무늬사랑초는 구근에서 싹이 올라오는 식물이며 여름에 기온이 너무 높을 때 휴면기에 들어가기도 한다. 하지만 실내에서는 늘 푸른 모습을 유지한다. 동쪽이나 남쪽 창가처럼 직사광선이 비치지 않으면서 밝은 곳을 좋아하지만, 잎이 탄 것 같으면 창가에서 어느 정도 거리를 두거나 빛 노출을 줄여야 한다. 작은 LED 생장등을 적당한 거리에 두고 키워도 되지만 조명이 너무 뜨거우면 식물이 휴면기에 들어갈 수 있다.

화분은 배수가 잘되는 것으로 고르고 촉촉함을 계속 유지해주자. 얇고 우아한 잎자루는 물을 많이 머금지 못해서 이 식물에게 물을 많이 주고 싶지 않겠지만, 그렇다고 너무 마른 상태로 두면 빨리 시들어버린다. 하지만 물을 주면 금방 생기가 돌아오니 너무 걱정하지 말자. 식물이 계속 시들시들하면 통기성이 없는 조금 더 큰 용기로 옮겨보자.

식물 종류 · 육상식물, 구근식물	**습도** · 낮게~중간으로 유지	**같은 방식으로 키울 수 있는 종** · 옥살리스 불루라타, 옥살리스 헤디사로이데스, 옥살리스 미누타, 옥살리스 스피랄리스, 옥살리스 불카니콜라와 옥살리스 불카니콜라의 변종과 교배종
난이도 · 초급	**온도** · 따뜻하게 유지, 10~30℃	
적정 광량 · 중간 정도의 빛, 직사광선이 없는 곳	**비료** · 한 달에 한 번씩 희석한 비료의 1/4 시비	
용토 · 배수성이 좋은 것	**크기** · 길이 10~15cm	
관수 · 과습에 주의하며 항상 촉촉함 유지	**번식 방법** · 구근 나누기, 잎자루꽂이	

← 황금그물무늬사랑초가 조그마한 4cm 수제 화분에서 자라고 있다.

크리핑 버튼펀

피로시아 넘뮬라리폴리아는 양치식물이지만 창가에서도 아주 잘 자라는 몇 안 되는 아주 작은 녀석이다. 즉 테라리엄에 두거나 분무가 필요하지 않다는 말이다! 작은 크기뿐만 아니라 솜털이 보송보송하게 난 잎은 보기만 해도 기분이 좋아진다. 잎은 밝은 초록색이며 적갈색 솜털이 긴 포복 근경을 촘촘히 덮고 있다. 이 식물은 동남아시아와 인도네시아의 열대우림에 자생하고 있으며, 일반적으로 나무의 줄기를 따라서 기고 난초나 이끼와 함께 자란다.

크기 평균 크기는 10cm 정도이며 포복 근경은 15~25cm에 이를 수 있다. 잎은 1~2.5cm다. 내가 키우는 녀석은 5~8cm 작은 화분에서도 잘 자란다. 야생에서는 근처에 타고 오를 만한 나무줄기나 지주대가 있을 때 포복 근경의 길이가 무려 100cm에 다다르기도 한다.

돌보기 양치식물을 키우는 데 어려움을 겪는다면 이 식물에 한번 도전해보자. 다양한 조건에서도 잘 자라므로 키우기 쉽다. 보통 중간 정도의 빛 세기를 가장 좋아하지만 약한 빛도 잘 견딘다. 하지만 직사광선은 안 된다! 동쪽 창가가 가장 이상적이지만 남쪽 창가에서 30cm 이상 떨어진 곳에 두어도 괜찮다. 나는 LED 생장등 (적어도 식물에서 50cm 정도 떨어진 곳에 설치)을 두고 키우기도 한다. 북쪽 창가에 두었다가 새잎이 더 이상 나지 않는다면 광량을 늘려주어야 한다.

넘뮬라리폴리아는 흙이 살짝 마른 상태도 견디지만 모든 양치식물이 그렇듯 촉촉함을 계속 유지하는 걸 더 좋아한다. 이 반착생 양치식물을 작고 통기성 없는 화분에 단단하지 않은 포팅 믹스(코이어를 섞으면 더 좋다)를 넣고 심어보자. 테라리엄에 직접 심어도 되고 과습되지만 않는다면 버블볼도 괜찮다. 덩굴은 바크나 다른 지주대를 두면 알아서 붙을 것이다. 비료는 희석한 액체 부식토 비료 1/4을 매달 화분에 넣어주자.

식물 종류 · 반착생식물

난이도 · 초급

적정 광량 · 중간 정도의 빛

용토 · 통기성과 배수성이 좋은 코이어 믹스, 잘게 자른 이끼, 나무고사리 지주대, 바크

관수 · 촉촉함 유지, 살짝 건조해도 괜찮음

습도 · 중간~높게 유지

온도 · 따뜻하게 유지, 20~30℃

비료 · 봄~가을까지 한 달에 한 번 또는 두 달에 한 번씩 희석한 비료의 1/2~1/4 시비

크기 · 길이 8cm, 너비 31cm

번식 방법 · 근경꽂이, 클럼프 나누기, 포자

같은 방식으로 키울 수 있는 종 · 네프로레피스 엑셀타타(보스턴 고사리) '플루피 루플스', 펠라에아 로툰디폴리아, 피로시아(석위속)

← 유약 처리된 6cm 화분에서 자라는 넘뮬라리폴리아는 단추처럼 깜찍하다.

'미니 픽시', 드워프 화살촉 식물

이 초미니 싱고니움을 발견했을 당시 얼마나 벅찬 감동을 느꼈는지 모른다. 작은 식물 화초 중에서도 최고의 귀여움을 담당하고 있는 녀석이다. 모습은 일반 화살촉 식물의 어릴 때와 똑같지만 하트 모양 잎의 크기는 겨우 손톱만 하다. 잎 중앙의 크림색이 잎을 더 돋보이게 한다. 현재 멕시코에서 볼리비아에 이르는 라틴아메리카가 원산지이지만, 미국 남부 지역과 하와이, 그리고 서인도 제도까지 옮겨가 자라고 있다. 어린 식물은 작은 클럼프를 유지하다가 성체가 되면 줄기가 길어지면서 공기뿌리를 만들어 바닥으로 기거나 주변에 있는 식물 또는 지주대를 타고 오른다.

크기 클럼프의 길이와 너비는 5~8cm이고, 자라면서 작은 포복성 줄기가 나올 수도 있다. 하지만 양치 식물인 싱고니움보다는 그런 경향이 적다. 자그마한 하트 모양 잎의 크기는 1.2~1.9cm다.

돌보기 싱고니움 포도필룸은 다재다능한 미니 천남성과 식물이라서 다양한 환경에서 키울 수 있다. 약하거나 중간 정도의 간접광을 좋아해서 동쪽 창가를 선호하지만 이보다 더 어둡거나 밝은 환경에서 키워도 괜찮다. 광량이 더 많아지면 커지지 않고 광량이 적으면 클럼프가 더 길어진다.

  이 식물은 일반적인 가정의 습도 정도면 잘 자란다. 낮은 습도로 잎 가장자리가 살짝 마른 것 같으면 일주일에 몇 번씩 분무해주자. 5~8cm 정도의 화분에 심어서 일주일에 몇 번씩 물을 주면 매우 잘 자란다. 촉촉한 상태로 두는 게 좋지만 싱고니움속 자체가 '젖은 발'을 싫어해서 실내에서 키운다면 가벼운 포팅 믹스를 사용하고 수분을 좀 더 일정하게 유지하기 위해 코이어를 약간 추가하는 것도 고려해봐야 한다. 창가에 두면 물을 주는 시간 전에 이미 어느 정도 흙이 말라 있을 수 있다. 이 녀석을 포함한 다른 미니 싱고니움은 테라리엄에 심어도 잘 자랄 것이다.

식물 종류 · 반착생식물

난이도 · 초급

적정 광량 · 약한~중간 세기의 빛, 직사광선이 없는 곳

용토 · 통기성과 배수성이 좋은 것

관수 · 자주 물 주기, 과습에 주의하며 항상 촉촉함 유지

습도 · 중간으로 유지

온도 · 따뜻하게 유지, 20~27℃

비료 · 봄~가을까지 한 달에 한 번씩 희석한 비료의 1/4 시비

크기 · 길이 8cm

번식 방법 · 마디와 공기뿌리가 포함된 줄기꽂이, 클럼프 나누기

같은 방식으로 키울 수 있는 종 · 싱고니움 '미니 올루션', 싱고니움 '핑크 픽시', 네프로레피스 엑셀타타(보스턴고사리) '미니 루셀스', 네프로레피스 엑셀타타(보스턴고사리) '플루피 루플스'

← 싱고니움 포도필룸 '미니 픽시'의 잎은 당신의 손톱보다 작다!

화초류

실내에서 키울 만한 식물을 고를 때 대부분의 식물 집사들은 관엽식물만을 고수하는 경향이 강하다. 화초류는 실내에서 키우기 더 까다롭고 빛도 훨씬 많이 필요하기 때문이다. 하지만 실내에서도 잘 자라는 초미니 화초도 있다. 특히 당신이 보조적으로 식물 생장등을 제공해줄 수 있다면 말이다.

내가 정말 좋아하는 초미니 화초 중 많은 종류는 제스네리아과 출신이다. 여기에는 아프리칸바이올렛, 글록시니아, 스트렙토카르푸스 등이 있다. 여러 초미니 다육식물도 인상적인 꽃을 피워내지만 대부분 관엽식물로 키운다.

초미니 식물 수집에 보이는 내 집착의 정점에 서 있는 녀석들이 바로 초미니 난초다. 당신의 수집 목록에 추가할 수 있는 미니 난초와 초미니 난초는 수천 가지가 있으며, 비교적 쉽게 구매할 수 있는 종도 굉장히 많다. 그렇긴 해도 초미니 난초는 초보자들에게는 키우기에 까다로운 면이 없지 않다. 많은 종이 공기뿌리 근처가 꾸준히 촉촉해야 하고 높은 상대습도를 원하기 때문에 보통 테라리엄에서 키워야 할 확률이 높다. 그러나 초보자에게는 테라리엄이라는 조건이 다소 어렵게 느껴지며, 결국 많은 식물이 넘치는 수분과 부족한 통풍으로 금세 썩어버리곤 한다. 하지만 초미니 창가 식물 편에 나오는 초미니 난초는 테라리엄이나 오키다리움에서 자랄 수도 있지만 개방된 재배 환경도 견딜 수 있다.

← 초미니 아프리칸바이올렛 '롭스 와스칼리 웨빗'이다.

키리타 타미아나 메이시

내가 정말 좋아하는 초미니 화초 중 하나다. 키리타 타미아나 메이시는 아주 거대한 꽃을 아주 조그마한 공간 속에 1년 내내 꽁꽁 싸매고 있다. 나는 작은 로제트(사방으로 나는 잎) 모양으로 자라나는 솜털 가득한 달걀 모양 잎을 정말 사랑한다. 순백의 통상화에 있는 2개의 선명한 진보라색 줄이 포인트다. 거기다 많은 씨앗까지 생산하니 어찌 예쁘지 않을까? 당신도 이 조그만 식물의 매력에 굴복당하지 않을 수 있을지 궁금하다. 키리타 타미아나 메이시는 중국과 베트남 북쪽 지방이 원산지다.

크기 키리타 타미아나 메이시의 잎은 최대 8cm까지, 꽃줄기는 13~15cm까지 자란다. 5~8cm 크기 화분이면 완전히 덮이긴 하겠지만 꽤 잘 클 것이다.

돌보기 이 식물은 보통 아프리칸바이올렛 친척 종보다 돌보기 더 쉽고, 내 경험상 더 자주 꽃을 피웠다. 꽃이 잘 나오게 하려면 직사광선을 피해 중간 정도의 빛 세기만 제공하면 된다. 아프리칸바이올렛처럼 동쪽 창가에 두거나 위에 생장등이 설치된 선반에 두자. 꽃을 피우지 않을 때는 광량을 늘리면 된다. 살짝 시원한 곳을 선호하기 때문에 생장등 중에서도 LED를 추천한다. 실내조명이 밝은 사무실 책상에 두기 완벽한 식물이다.

키리타 타미아나 메이시는 항상 촉촉함을 유지해야 하지만 과습되어서는 안 된다. 용기에는 반드시 물구멍이 있어야 하므로 통기성 있는 용기가 도움이 될 것이다. 가장 좋은 방법은 저면 관수다. 더 높은 습도도 잘 견디기 때문에 유리 용기에서 키워도 되지만 굳이 그럴 필요는 없으며, 솜털이 있는 잎에는 물이 닿지 않는 게 가장 좋다. 분갈이는 원한다면 1년에 한 번씩 할 수 있고 대신 비료는 생략하자. 용토는 아프리칸바이올렛용 포팅믹스로 하면 된다. 이 식물은 자유롭게 씨를 생산하지만, 씨가 생기기 전에 시든 꽃을 잘라주면 좀 더 많은 꽃이 피어날 것이다.

식물 종류 · 육상식물

난이도 · 초급

적정 광량 · 약한~중간 세기의 빛, 직사광선이 없는 곳

용토 · 통기성과 배수성이 좋은 것

관수 · 과습에 주의하며 항상 촉촉함 유지

습도 · 중간으로 유지

온도 · 시원~따뜻하게 유지, 10~27℃

비료 · 1년에 두세 번, 희석한 아프리칸바이올렛용 비료를 1/2~1/4 시비

크기 · 길이 8~15cm

번식 방법 · 종자, 줄기꽂이, 잎자루꽂이, 포기 나누기

같은 방식으로 키울 수 있는 종 · 코도난테 데보시아나, 프리뮬리나, 스트렙토카르푸스, 아프리칸바이올렛

← 6cm 크기 화분에서 자라는 키리타 타미아나 메이시의 꽃들이다. 이미 시든 꽃에서 나온 씨앗이 자라 이렇게 다시 꽃이 피었고, 더 많은 꽃이 나올 예정이다!

아시안바이올렛

프리뮬리나 '피콜로'는 이전에 키리타속(현재는 없어졌다)에 속했던 식물이며, 크기는 작지만 정말 인상적인 꽃을 피우는 사랑스러운 녀석이다. 로제트 모양으로 촘촘하게 난 잎은 두껍고 짙은 색을 띠고 있으며, 얼룩덜룩한 반점이 있는 잎이 나기도 한다. 프리뮬리나 '피콜로'의 중앙에서는 꽃줄기가 기다랗게 자라나 거의 쉴 틈 없이 커다란 통상화가 나온다. 꽃은 강렬한 자색과 라벤더색이 섞여 있다. 현재 스리랑카, 인도, 중국, 수마트라 섬, 자바 섬, 보르네오 섬의 고지대에서 하층식물(키 작은 식물-옮긴이)로 살아가고 있다.

크기 프리뮬리나 '피콜로'는 두 가지 종류의 프리뮬리나를 교배한 식물이다. 길이는 5cm 미만으로 자라고, 8cm 잎이 화분을 살짝 덮을 것이다. 이 식물은 작은 8cm 용기에서도 아주 잘 큰다. 꽃은 약 20cm까지 자라며 살짝 아래쪽으로 늘어진다.

돌보기 당신이 아프리칸바이올렛을 정말 좋아하지만, 성공적으로 키우는 데 어려움을 겪고 있다면 프리뮬리나에 도전해보자. 이 식물은 동쪽 창가의 반양지 환경을 좋아한다. 아침에 환하게 비치는 해와 오후에 지는 그늘을 생각해보면 된다. 키리타 타미아나 메이시처럼 프리뮬리나도 약한 빛의 환경에서 자라지만 꽃을 피우지 않으면 빛 세기를 높여야 한다. 아프리칸바이올렛처럼 생장등으로 빛을 보충해도 되지만 너무 뜨겁게 해서는 안 된다.

이 식물은 습도가 낮아도 견디지만, 배수가 잘되는 용기에서 흙이 촉촉한 상태를 계속 유지해주어야 한다. 그러나 과습은 주의하자. 키리타 타미아나 메이시나 아프리칸바이올렛처럼 잎에 물이 닿으면 안 되기 때문에 저면 관수가 가장 효과적이다. 비료는 그다지 필요하지 않지만, 희석한 액체 비료를 1/2~1/4 정도 넣어주면 꽃이 더 잘 핀다. 1년에 한 번씩 아프리칸바이올렛용 포팅 믹스를 넣은 새 화분에 프리뮬리나를 분갈이해주면 비료를 거의 주지 않아도 된다.

식물 종류 · 육상식물

난이도 · 초급

적정 광량 · 중간 세기의 빛, 아침에는 햇살이 비치고 오후에는 그늘이 지는 곳

용토 · 통기성과 배수성이 좋은 것

관수 · 촉촉함 유지, 물 주기 전 살짝 건조함 유지

습도 · 낮게 유지

온도 · 시원하게 유지, 10~27℃

비료 · 봄~가을까지 한 달에 한 번씩 희석한 아프리칸바이올렛용 비료의 1/2~1/4 시비

크기 · 길이 8cm

번식 방법 · 잎꽂이, 줄기꽂이, 포기 나누기, 종자(교배종 씨앗은 모체와 같은 특징을 갖지 못한다)

같은 방식으로 키울 수 있는 종 · 프리뮬리나, 스트렙토카르푸스

← 6cm 용기에서 자라는 프리뮬리나 '피콜로'가 자신의 (몸에 비해) 커다란 꽃을 마음껏 뽐내고 있다.

초미니 아프리칸바이올렛

아프리칸바이올렛의 크기는 일반, 미니, 초미니, 이렇게 세 가지로 나뉜다. 일반 크기는 세인트폴리아 이오난사를 교배해서 나온 종이며, 미니와 초미니는 작은 종인 신닌기아 푸실라와 신닌기아를 교배해서 나왔다. 1960년대 식물 육종가들이 미니와 초미니 아프리칸바이올렛을 만들었고, 우리는 현재 그 결과물을 여러 화원에서 만나보고 있다. 아프리칸바이올렛으로 알려진 종류는 약 20가지이며 케냐의 우삼바라 산맥과 탄자니아의 응구루 산맥에서 자생한다.

크기 미니 아프리칸바이올렛 성체의 길이와 너비는 15cm이며, 초미니는 다 자라도 이 크기의 반밖에 되지 않는다. 잎의 길이가 0.6cm밖에 되지 않는 녀석도 있다.

돌보기 초미니 아프리칸바이올렛은 약한 빛이나 중간 정도 빛에서 잘 자라지만 중간 빛(밝은 실내 간접광)을 유지해주면 꽃이 가장 잘 핀다. 북쪽 창가에 두면 꽃이 피지 않는 일이 흔하므로 동쪽으로 방향을 바꿔주는 게 좋다. 빛이 부족해 줄기가 위로 쭉 뻗는 '웃자란' 식물이 되지 않도록 주기적으로 방향을 바꿔주자. 아니면 형광등이나 LED 생장등 밑에서 키워도 된다. 사무실 조명이 아주 밝다면 책상에 올려두어도 된다.

초미니 사이즈라면 너비와 길이가 5cm 이하인 용기에 두어야 수관(나무의 가지와 잎이 달린 부분-옮긴이)이 썩지 않는다. 물을 많이 주는 버릇이 있다면 조금 더 작은 용기를 선택해보자. 가장 좋은 방법은 저면 관수 또는 심지 관수로 토양이 계속 촉촉한 상태를 유지하는 것이지만, 과습되지 않도록 해야 하고 물을 주기 전에는 흙이 말라 있어야 한다. 오야마 화분이나 자동급수 화분을 이용해보는 것도 괜찮다. 잎에 물이 묻지 않도록 주의하자.

아프리칸바이올렛은 70~80%의 높은 상대습도를 유지하면 정말 잘 자란다. 그러므로 뿌리 체계가 과습되지만 않는다면 이 식물을 테라리엄이나 유리 용기 안에서 키워볼 수도 있을 것이다. 하지만 일반적인 가정에서는 상대습도가 50% 정도여도 자라는 데 문제가 없다.

식물 종류 · 육상식물	**습도** · 중간~높게 유지	**번식 방법** · 수관꽂이, 잎꽂이, 갈라진잎꽂이, 잎자루꽂이, 클럼프 나누기
난이도 · 초급~중급	**온도** · 따뜻하게 유지, 16~30℃	
적정 광량 · 약한~중간 세기의 빛, 직사광선이 없는 곳	**비료** · 봄~가을까지 한 달에 한 번씩 희석한 아프리칸바이올렛용 비료의 1/4 시비	**같은 방식으로 키울 수 있는 종** · 페트로코스메아, 모든 아프리칸바이올렛('찬타스프링' 같은 지표를 기는 미니 종을 포함한 모든 변종과 원예종)
용토 · 통기성과 배수성이 좋은 것	**크기** · 길이와 너비 5~8cm	
관수 · 과습에 주의하며 항상 촉촉함 유지, 저면 관수		

← 초미니 아프리칸바이올렛 '롭스 럭키 페니'의 독특한 빛깔의 잎이 특히 눈에 띈다.

케이프 프림로즈

스트렙토카르푸스는 실내 화초 중에서 내가 정말 좋아하는 종류다. 미니어처 종인 스트렙토카르푸스 릴리푸타나와 '펀우즈 미뉴에트' 같은 교배종은 조그마한 공간 속에 아주 큰 꽃을 품고 있다. 잎은 옅은 올리브색이며 솜털이 보송보송하고 수관에서 로제트 모양으로 늘어뜨린 형태로 자란다. 라벤더색 통상화의 길이는 5~8cm이고 꽃 안쪽 입구의 짙은 자색 줄무늬와 레몬색이 눈에 띈다. 케이프 프림로즈는 남아프리카의 그늘지고 바위가 많은 숲의 절벽 쪽에서 자생하며, 릴리푸타나는 라푸타나 협곡과 폰돌란드 지역에 있는 강에서만 발견되는 희귀한 종이다.

크기 케이프 프림로즈는 땅 위에 거의 붙듯이 자란다. 잎 크기는 15cm이며, 꽃자루 크기는 고작 5~8cm다. 야생에서는 바위에서 자라지만, 뿌리 체계와 근경이 작아 8cm의 아주 조그마한 공간에서도 꽤 행복하게 자란다.

돌보기 이 식물을 돌보는 방법은 아프리칸바이올렛이나 프리뮬리나를 가꾸는 방법과 비슷하다. 하지만 아프리칸바이올렛보다 약한 빛에도 꽃이 핀다. 이 식물은 동쪽 창가에서도 잘 자라지만 차단물이 있는 북쪽 창가에서조차도 꽃을 잘 피울 것이다. 생장등을 30~60cm 거리에 설치하면 생장 선반에서도 기를 수 있다. 아프리칸바이올렛과 여러 제스네리아과 식물도 함께 두고 키워보자.

다른 스트렙토카르푸스속처럼 이 녀석도 촉촉한 흙을 좋아하지만 과습된 상태는 견디지 못한다. 물 주기 전에 흙이 말라 있어도 잘 견디므로 물에 절대 담가두지 말자. 또한 너무 큰 화분에 식재하면 조그마한 뿌리 체계가 썩을 수 있다. 8cm 화분에 단단하지 않고 배수가 잘되는 포팅 믹스를 넣은 후 케이프 프림로즈를 심어보자.

식물 종류 · 육상식물, 암생식물

난이도 · 초급~중급

적정 광량 · 약한~중간 세기의 빛, 음지, 직사광선이 없는 곳

용토 · 통기성과 배수성이 좋은 것

관수 · 정기적으로 물 주기, 물 주기 전 살짝 마른 상태 유지

습도 · 중간으로 유지

온도 · 시원하게 유지, 16~21℃

비료 · 봄~가을까지 한 달에 한 번씩 희석한 비료의 1/2~1/4 시비

크기 · 길이 2~8cm

번식 방법 · 잎꽂이, 잎맥꽂이, 클럼프 나누기(교배종 씨앗은 모체와 같은 특징을 갖지 못한다)

같은 방식으로 키울 수 있는 종 · 페트로코스메아, 스트렙토카르푸스 릴리푸타나 × '펀우즈 실루엣', 스트렙토카르푸스

← 나의 케이프 프림로즈가 7.5cm 세라믹 화분에 자리 잡고 조그마한 꽃머리를 내밀고 있다. 작은 책상 위를 차지할 완벽한 동반자가 아닐까!

대만향란(주목란)

대만향란은 초미니 난초 초보자에게 추천하는 종이다. 다양한 성장 조건에서도 잘 자라며, 다른 종에 비해 스트레스에 강한 편이다. 이 자그마한 난초는 1년 내내 깜찍함의 결정체인 밝은 노란색 꽃을 피운다. 꽃 중앙이 적갈색을 띠며 상큼한 감귤 향을 은은하게 풍긴다. 대만향란은 대만에서 자생하며, 다른 착생식물과 함께 나무줄기를 타고 오른다.

크기　대만향란의 크기는 2.5cm 미만이다. 0.6~2cm밖에 되지 않는 잎은 단축분지식으로 자라는데, 즉 빛이 모든 잎에 골고루 닿을 수 있도록 하나의 중심 줄기에 잎이 사다리처럼 어긋나게 나는 방식으로 성장한다는 의미다.

돌보기　대만향란은 직사광선이 비치지 않고 약한 빛에서 중간 빛이 들어오는 환경에서 키워야 한다. 따라서 북쪽이나 동쪽 창가에 화분을 두거나 생장 선반에 두고 46cm 위에 저광도 생장등을 설치해주면 된다. 건강해 보여도 새잎이 더 이상 나오지 않거나 꽃이 피지 않는다면 광량이나 시간을 늘려보자. 잎에 노란색 반점이 생기거나 잎끝이 갈색으로 변하면 빛을 너무 많이 받았다는 의미다. 이 식물은 다양한 온도에서도 견디지만, 통상적으로 낮과 밤의 기온 차가 약 10℃ 정도 되는 따뜻한 기후를 좋아한다.

　단단하지 않은 오키아타 바크 믹스(활성탄과 펄라이트가 포함된)와 수태를 깐 작은 화분에 대만향란을 심어보자. 봄과 여름에는 2~3일에 한 번씩 물을 주어야 한다. 바크나 나무고사리에 착생된 형태로 키운다면 하루에 두 번씩 분무를 하거나 습지식 관수를 해서 좀 더 높은 습도를 유지해야 한다. 가을과 겨울은 성장이 느려지는 시기라 물을 적게 주어야 한다. 분갈이는 1년 반~2년마다 한 번씩 새 뿌리가 자랄 때만 해주어야 한다. 봄에서 가을 사이에 매주 비료를 주면 꽃이 더 잘 핀다.

식물 종류 • 착생식물

난이도 • 중급

적정 광량 • 약한~중간 세기의 빛, 직사광선이 없는 곳

용토 • 단단하지 않은 바크 믹스, 배수성이 좋은 것, 잘게 자른 이끼, 활착용 바크/나무고사리

관수 • 빗물, 자주 물 주기, 항상 촉촉함 유지

습도 • 중간으로 유지

온도 • 따뜻하게 유지, 21~27℃

비료 • 봄~여름까지 매주 희석한 난초용 비료의 1/4 시비

크기 • 길이 2.5cm

번식 방법 • 마디와 공기뿌리가 포함된 줄기꽂이

같은 방식으로 키울 수 있는 종 • 아캄페 파키글로사, 벌보필럼, 세라토스틸리스 필리피넨시스, 덴드로븀 토레사에, 가스트로칠러스 칼세올라리스, 탐라란, 막실라리아 운카타, 오모에아 필리피넨시스, 나도풍란, 소프로니티스 콕시네아

← 이 사진만 보면 대만향란이 정말 커 보이지 않는가? 하지만 실제 길이는 2.5cm밖에 되지 않는다!

다육식물과 선인장

초미니 다육이들은 당신이 키울 식물 중 깜찍함을 담당하게 될 것이다. 고를 수 있는 종류만 수천 가지에 달하며, 선택 후에는 수집 목록 대다수를 차지할지도 모른다. 특별하게 추천할 만한 종류를 따로 정할 수 없을 만큼 다양해서 개인적으로 좋아하는 종 중에서 초보 집사들이 가장 쉽게 접근할 수 있는 아이들만 소개하겠다.

대부분의 초미니 다육식물과 선인장은 모습이 다 갖추어진 형태로 구매할 수 있지만 희귀한 종은 대개 씨앗으로만 구할 수 있다. 어쩌면 자구꽂이나 줄기꽂이 형식으로만 구할 수 있을지도 모른다.

대부분의 초미니 다육식물과 선인장은 크기와 상관없이 빛을 많이 받아야 잘 자란다는 사실을 알아두자. 즉 야외에서 양지 또는 부분적으로 직사광선이 비치는 곳 정도의 빛은 받아야 한다는 말이다. 그러므로 실내에서 다육이와 선인장을 가장 빠르게 시들게 하는 방법은 약한 빛이 비치는 곳에 두고 물을 많이 주는 것이다. 탁 트인 남쪽 창가가 아니라면 생장등을 준비해 태양에서 미처 다 받지 못한 빛을 보충해주거나 다육식물이 필요한 만큼의 빛을 전부 제공해주어야 한다.

← 5cm 화분에서 각자 자라고 있는 석연화(에케베리아), 그랍토페탈룸, 마밀라리아다.

천장 아드로미처스

물결 모양의 작고 포동포동한 잎을 가진 이 녀석을 보면 너무 귀여워서 손가락으로 꼬집어주고 싶어질지도 모른다! 키우기가 쉬워 초보자들에게 안성맞춤인 식물이기도 하다. 처음에는 아름다운 에메랄드색 잎이 나왔다가 성장하면서 사랑스러운 청회색으로 변신한다. 그리고 곧 미세한 솜털이 잎을 뒤덮는다. 이 식물의 또 다른 특징은 짧은 줄기에서 항상 단단한 공기뿌리가 나온다는 사실이다. 보통 관엽식물로 키우지만, 봄이나 여름이 되면 작은 흰색 통상화가 나온다. 영락은 남아프리카 이스턴 케이프에서 자생하는 태양을 사랑하는 다육식물이며 이곳에서 덤불이나 암석을 보호막 삼아 아래에서 자란다.

크기 영락은 느슨한 로제트 모양으로 자라며 길이는 약 15cm 정도 된다. 하지만 작은 화분에 넣으면 더 작은 상태를 유지한다.

돌보기 대부분의 다육식물처럼 강한 빛이나 양지 환경이 필요하다. 서쪽 창가나 하루 종일 빛이 밝게 들어오는 남향을 선택하자. 우리 집에는 이런 창가가 없어서 이 식물을 다른 양지성 다육이와 선인장이 있는 곳에 함께 두고 빛을 보충해준다. 화분에서 20cm 정도 떨어진 곳에 45W LED 생장등 2개를 설치하고 매일 12시간씩 켜놓는다.

영락은 따뜻하고 낮은 습도의 건조한 환경을 더 좋아해서 통기성과 배수성이 좋은 흙을 써야 한다. 선인장·다육식물용 믹스로 2년마다 분갈이해주자. 다른 다육식물처럼 물을 많이 주면 금방 썩는다. 물을 과하게 주는 사람이라면 이 식물을 키우는 것을 자제하든지 더 작은 화분에서 키워야 한다. 물을 주기 전에는 흙이 완전히 말라 있는지 확인해보자. 활발하게 자라는 시즌에는 한 달에 두 번~네 번 정도만 물을 주는 게 좋고, 겨울에는 화분 크기, 집 안의 온도나 습도에 따라 차이가 있지만 평균 한 달에 한 번 정도 주면 된다.

식물 종류 · 육상식물	**습도** · 낮게 유지	**같은 방식으로 키울 수 있는 종** · 아드로미슈스 코페리, 아드로미슈스 마리아나에, 치와와복륜금(치와와금, 에케베리아 치와와엔시스), 에케베리아 글로블로사, 에케베리아 그랍토페탈룸 필리페럼, 은천녀(그랍토페탈룸 루스비), 세데베리아 '블루 엘프', 세둠
난이도 · 초급	**온도** · 따뜻하게 유지, 20~27℃	
적정 광량 · 강한 빛, 양지	**비료** · 봄~가을까지 한 달에 한 번씩 희석한 비료의 1/2~1/4 시비	
용토 · 통기성과 배수성이 좋은 것	**크기** · 길이 8~15cm	
관수 · 흙이 완전히 말랐을 때 물 주기	**번식 방법** · 종자, 줄기꽂이, 잎꽂이, 포기 나누기	

← 영락이 5cm 세라믹 화분에서 자라고 있다. 원줄기를 따라 나오는 공기뿌리는 이 식물의 시그니처다.

티아라 스투키, '사무라이 드워프'

많은 식물 집사들이 이 키우기 쉬우면서 회복력 강한 티아라 스투키(시어머니의 혀라 불리기도 한다) 하나쯤은 가지고 있을 것으로 생각한다. 이 식물은 나쁜 성장 환경이나 방치된 상황에서조차도 단단한 손톱처럼 강하게 자란다. 대부분의 일반종과 변종은 60cm까지 큰다. 티아라 스투키는 미니어처지만 큰 녀석들처럼 튼튼하며, 잎은 손바닥 모양으로 서너 갈래 갈라지면서 사무라이 검 모양과 비슷한 형태를 유지한다. 이 매력 넘치는 작은 녀석의 잎은 컵처럼 살짝 말려 있고 끝은 뾰족하다. 밝은 초록빛을 띤 잎 가장자리는 로즈골드 색으로 착색되어 있다. 얼룩덜룩한 잎을 가진 변종도 있다. 아가베처럼 잎끝이 뾰족해 찔릴 수 있으니 주의하자. 티아라 스투키는 정확한 지역을 알 수 없지만, 아프리카 대륙에서 왔다고 한다. 산세베리아속 대부분이 아프리카, 마다가스카르, 남아시아의 건조 지대에서 자생한다.

크기 티아라 스투키는 보통 작고 땅딸막하게 크는 경향이 있어서, 평균 크기는 10~15cm지만 일부 종은 조금 더 크게 자랄 수도 있다. 잎은 어긋나기 형태로 차곡차곡 쌓이듯이 난다.

돌보기 티아라 스투키는 아마도 모든 실내식물을 통틀어 가장 돌보기 쉬운 식물이 아닐까 한다. 그냥 선인장이나 다육식물처럼 다루면 된다. 약한 빛이나 아주 약한 빛에서도 견디지만, 오후의 강렬한 햇볕이 내리쬐지 않는 중간 정도의 간접광이 비치는 장소에서 가장 잘 자란다. 남쪽 창가에 두거나 아침 햇볕이 따스하게 들어오는 동쪽에 두면 된다.

물 저장 능력이 뛰어나서 물을 주기 전에 흙이 완전히 말라 있어도 괜찮으며, 관수 간격이 다른 선인장보다 더 길어도 된다. 흙이 과습되면 식물이 썩을 수 있으니 물을 주기 전에 속까지 말랐는지 항상 확인해보자. 식재할 때는 단단하지 않은 선인장·다육식물용 포팅 믹스를 사용하고 항상 물구멍이 있는 용기를 써야 한다.

식물 종류 · 육상식물

난이도 · 완전 초급

적정 광량 · 중간 세기의 빛, 아침에는 햇살이 비치고 오후에는 그늘이 지는 곳

용토 · 통기성과 배수성이 좋은 것

관수 · 낮게~중간, 물 주기 전 건조함 허용

습도 · 낮게 유지

온도 · 따뜻하게 유지, 20~27℃

비료 · 한 달에 한 번씩 희석한 비료의 1/2 시비

크기 · 길이 8cm, 5~8cm 용기 사용

번식 방법 · 종자, 줄기꽂이, 클럼프 나누기

같은 방식으로 키울 수 있는 종 · 산세베리아 발리 '미니에', 스피어산세베리아 파톨라 '본셀 드워프', 산세베리아 벌레잡이제비꽃

산세베리아속은 최근 드라세나속으로 편입되었지만, 여전히 산세베리아란 이름으로 유통되고 있다.

← 나의 티아라 스투키가 8cm 크기의 통기성 있는 화분에서 자라고 있다.

야구공 식물

완전 동그랗고, 상당히 귀엽다! 유포르비아 오베사가 흔히 야구공 식물이라고 불리는 이유다. 불룩한 잎들이 반듯하게 대칭을 유지하며 붙어서 거의 완벽한 구 모양을 이루고 있다. 청록색과 자색이 섞인 잎에는 줄무늬 또는 격자무늬와 함께 은색과 구리색 포인트가 있다. 유포르비아 오베사는 암수딴그루 식물이라 조그만 노란색 꽃이나 연녹색 꽃은 수꽃 또는 암꽃이 된다. 그래서 발아할 수 있는 씨앗을 수확하려면 암그루와 수그루가 모두 필요하다. 오베사는 남아프리카 이스턴 케이프의 그레이트 카루에서 자생하는 희귀한 다육식물이다. 햇볕이 잘 들고 돌이 많은 언덕에서 자라며 다른 큰 식물에 어느 정도 가려진 곳에서 자라기도 한다. 현재 과도한 채집으로 멸종 위기종으로 분류되어 보호받고 있지만, 상대적으로 광범위하게 재배가 이루어지고 있는 식물이다.

크기 야생에서의 최대 성체 길이는 18~20cm이고 둘레는 8~10cm다. 구할 수 있는 종류는 대부분 재배종으로 이보다 더 작고 동그랗다.

돌보기 유포르비아 오베사는 강한 빛을 받거나 양지에서 키워야 하지만 오후에 어느 정도 그늘이 져도 견딜수 있다. 밝은 남쪽이나 서쪽에 두거나, 고광도 LED 생장등을 설치해 이 아이를 행복하게 만들어주자. 나는 고광도 LED 생장등을 25cm 정도 위에 설치한 후 하루에 12시간 동안 켜둔다. 생장등 말고도 발코니나 테라스에서 해가 가장 잘 드는 곳에 두어도 된다. 잎의 격자 문양이 옅어지면 빛이 더 필요하다는 의미다.
　자주 물을 주는 행위는 이 식물을 포함한 다육식물 대부분을 최대한 빨리 시들게 하는 일일 것이다. 물은 자주 주지 말고 흙이 완전히 말라 있을 때 주도록 하자. 5~10cm 크기의 작은 화분에 넣어 흙이 더 빨리 마를수 있도록 하는 것도 좋은 방법이다. 봄~가을까지는 일주일에 한 번씩(또는 더 적게) 주고, 겨울에는 그보다 더 간격을 늘려야 한다. 계절마다 비료를 주면 더 잘 자랄 것이다.

식물 종류 · 육상식물	**관수** · 자주 주지 않기, 물 주기 전 건조함 유지	**크기** · 길이 17~20cm, 너비 8~10cm
난이도 · 초급	**습도** · 낮게 유지	**번식 방법** · 종자, 자구꽂이
적정 광량 · 강한 빛, 아침에는 햇살이 강하게 비치고 오후에는 그늘이 지는 곳	**온도** · 낮에는 따뜻하게~뜨겁게, 밤에는 서늘하게 유지, 20~27℃	**같은 방식으로 키울 수 있는 종** · 유포르비아 바이에리, 철갑환, 유포르비아 글로보사(사막의 보석, 옥린보), 귀청옥(만청옥), 유포르비아 스쿼로사, 티타놉시스 칼카레아, 티타놉시스 프리모시
용토 · 선인장용 모래 믹스, 배수성이 좋은 것	**비료** · 봄~가을까지 서너 번 희석한 비료의 1/2 시비	

← 5cm 화분에서 자라는 나의 암그루 오베사 꽃에서 작디작은 꽃밥이 나고 있다.

악어 식물

하워르티옵시스와 하워르티아속에는 훌륭한 일반종과 변종이 많아서 당신의 초미니 식물 수집 목록에 추가하기 좋다. 그중에서도 특히 용린은 인상적이고 멋진 모습을 간직한 작은 식물이다. 마치 악어 가죽 같은 독특한 잎맥을 가지고 있으며 별 모양 로제트 형태로 자란다. 강한 빛을 받으면 사랑스러운 핑크빛 적갈색으로 변한다. 잎맥 사이에는 강렬한 햇살을 견딜 수 있도록 도와주는 반투명한 '창문'이 있다. 용린에서는 흰색 통상화가 핀다. 이 식물은 남아프리카 나미비아 카루 사막의 가파른 암석 지대와 크레바스에서 자생하고 있다.

돌보기 당신이 다육식물을 정말 좋아하지만, 실내가 밝지 않아 곤란함을 겪는다면 하워르티옵시스와 하워르티아를 한번 키워보자. 강렬한 햇빛도 잘 견디고 서쪽이나 북쪽 창가에서도 잘 자라는 종이다. 강한 빛을 받으면 다채로운 색을 뽐내며 더 작은 모습을 유지할 것이고, 약한 빛을 받으면 선명한 초록빛을 띠며 길이가 더 길어질 것이다.

용린은 다양한 종류의 흙을 쓸 수 있고, 5~10cm 크기의 화분에서도 오랫동안 만족하며 큰다. 최고의 결과를 기대한다면 물구멍이 있는 낮은 화분을 선택하자. 물을 주기 전에는 흙이 완전히 건조한 상태를 유지하는 게 좋지만, 이 종이나 친척 종은 다른 다육식물보다 물을 더 주어도 잘 자란다. 병충해 걱정이 거의 없는 식물이며, 겨울에 더 활발하게 활동한다. 여름에 기온이 너무 높으면 성장 속도가 느려지므로 물을 평소보다 더 적게 주어야 한다. 계절에 따른 기온 차가 크지 않은 실내에서 키운다면 휴면기에 들어가지 않기도 한다.

식물 종류 · 육상식물, 암생식물	**온도** · 따뜻하게 유지, 20~27℃	**같은 방식으로 키울 수 있는 종** · 알로에 '윈터 스카이', 가스테리아 글로메라타, 가스테리아
난이도 · 완전 초급	**비료** · 한 달에 한 번씩 희석한 비료의 1/4 시비	바이리시아나, 가스테리아 엘라피에아에, 가스테리아 니티다,
적정 광량 · 약한~강한 세기의 빛	**크기** · 길이 5cm	하워르티아 앙구스티폴리아, 유리전(하워르티아 리미폴리아),
용토 · 통기성과 배수성이 좋은 것	**번식 방법** · 자구꽂이, 클럼프 나누기	홍기린, 코틸레돈 톡시카리아, 크라슐라 오브발라타,
관수 · 적당히, 물 주기 전 건조함 허용		메셈브리안테뭄, 스타펠리아 플라비로스트리스
습도 · 낮게 유지		

← **상단**: 이 녀석은 선명한 잎 문양을 자랑하고 있다.
왼쪽 하단: 알로에 '윈터 스카이'는 알로에 데스코잉시와 알로에 라우이를 교배한 초미니 식물이다.
오른쪽 하단: 하워르티아 앙구스티폴리아는 하워르티아속 중에서 내가 좋아하는 초미니 종이다. 생동감 넘치는 붉은빛 오렌지색 잎이 정말 인상적이다.

리빙스톤

우리는 꼬집어보고 싶어지는 모든 귀여운 식물 중에서도 성배에 해당되는 녀석에게 이제 도착했다. 물론 내 최 애이기도 하다. 리빙스톤으로도 자주 불리는 리톱스에는 훌륭한 일반종과 교배종이 정말 많다. 이 매력 넘치 는 식물들은 매년 2개의 잎이 새로 자라고 그 후에 데이지처럼 생긴 꽃이 잎 사이에서 난다. 잎 색은 연두색에 서 잿빛 녹색, 분홍색, 적갈색, 커피색에 이르기까지 다양하며 잎에는 빛 흡수를 위한 반투명 '창문'이 있다. 자 훈은 남아프리카의 건조한 암석 지대와 초원에서 자생하고 있다. 연 강수량이 100mm 미만이거나 안개로만 수분을 얻을 수 있는 곳에서 자란다.

크기 이 식물은 줄기가 거의 없고 땅 위에 거의 붙듯이 자란다. 너비는 4cm 정도지만, 직근은 거의 15cm까지 자랄 수 있다!

돌보기 초보자들이 키우기에는 까다로운 종이라 많은 연습이 필요하다. 강한 빛이 필요하기 때문에 직사광선 이 들어오는 곳에 5시간 두거나 비슷한 광량을 인공적으로라도 제공해주어야 한다. 자훈을 위해 밝은 남쪽이 나 서쪽 창가를 선택하자. 오후에만 들어오는 햇빛도 괜찮다.

　나는 물조리개를 들고 옆으로 지나가기만 해도 리톱스가 시들 수 있다는 농담을 하곤 한다! 그래도 자훈은 다른 리톱스속보다 그런 면에서 조금 더 관대한 편이다. 하지만 물을 주기 전에는 흙이 속까지 완전히 말라 있 는지 먼저 확인하자. 통기성 있고 크기가 2.5~5cm 정도인 작은 화분이 수분 조절하기 편하다. 미니 물조리개 에 빗물이나 정수된 물을 넣고 흙을 촉촉하게 해주자. 야생에서 이 종은 가을과 봄에 활발하게 자라기 때문에 이 기간에는 물을 조금만 주어야 하며, 여름과 겨울에는 휴면에 들어가므로 물을 거의 주지 않거나 아예 주지 말아야 한다. 겨울에는 새로 자라날 잎이 수분을 끌어다 쓰기 때문에 오래된 잎은 점점 쪼그라들 것이다. 이 시기에는 물을 주지 말자. 그러나 기온 차가 심하지 않은 실내에 둘 때는 성장 패턴이 달라질지도 모른다.

식물 종류 · 육상식물	**관수 ·** 빗물이나 정수된 물, 최소한만 주기, 물 주기 전 건조함 유지	**크기 ·** 길이 4cm
난이도 · 중간~고급		**번식 방법 ·** 종자, 자구꽃이
적정 광량 · 중간~강한 세기의 빛	**습도 ·** 낮게 유지	**같은 방식으로 키울 수 있는 종 ·** 아기로데르마, 알로이놉시스, 딘터란투스 반질리, 기바에옴, 마옥(라피다리아 마가레테), 리톱스 딘터리, 리톱스 도로시, 파키피툼, 제옥, 티타놉시스
용토 · 모래와 돌, 배수성이 좋은 것, 유기물은 최소한만	**온도 ·** 따뜻하게 유지, 20~27℃	
	비료 · 한 달에 한 번씩 희석한 비료의 1/4 시비	

← **왼쪽:** 자훈이 통기성 좋고 물구멍이 있는 4cm 토분에서 자라고 있다.
오른쪽 상단: 쪼개진 돌(플레이오스필로스 넬리)이라고도 부르는 제옥은 또 다른 재미를 안겨주는 리톱스 닮은꼴 식물이다.
오른쪽 하단: 여러 리빙스톤과 쪼개진 돌 중에서 내가 좋아하는 녀석들이다. 위에서부터 시계방향으로: 1. 딘터란투스 반질리, 2. 마옥(라피다리아 마가레테), 3. 리톱스 딘터리, 4. 자훈(리톱스 레슬리), 5. 리톱스 카라스몬타나, 6. 리톱스 레슬리 호르니 C15, 7. 리톱스 도로시 C300, 8. 모종 믹스, 9. 리톱스 레슬리 교배종 벤테리 C153, 10. 리톱스 도로시

알바선인장

많은 선인장이 실내의 협소한 공간에서 키우기에는 너무 크거나 가시가 많다. 하지만 이 귀염둥이 알바선인장은 다르다! 이 녀석은 내가 실내식물로 키우는 몇 안 되는 선인장이기도 하다. 크기가 매우 작아서 작은 생장등 아래에 두기도 딱 맞고, 빽빽하게 들어선 가시도 다루기 쉽기 때문이다. 알바선인장은 좁은 원통 모양의 몸체에 작은 곁가지가 나며, 밝은 초록빛을 띤다. 작은 혹에서는 흰 가시가 별 모양으로 삐죽삐죽 난다. 봄과 가을이 되어 선선해지면 종 모양의 작은 흰 꽃이 나온다. 알바선인장은 멕시코 이달고 주와 케레타로 주의 건조지대에서 자생하는 식물이다.

크기 원줄기는 보통 길이 10cm, 너비 3cm까지 자라며, 곁가지가 자구 형식으로 자유롭게 원줄기에서 나온다. 클럼프 형태로 자라며, 성체가 되면 너비는 10~13cm에 이를 수 있다.

돌보기 대부분의 선인장처럼 양지나 반양지 정도의 강한 빛이 필요하다. 식물을 남쪽 창가나 서쪽 창가에 두거나, 고광도 LED 생장등이 20~30cm가량 위에 설치된 곳에 다른 선인장이나 다육이들과 함께 두어도 된다.
　선인장과 다육식물을 실내에서 키우면 물을 많이 주는 경우가 다반사이며 특히 빛이 약할 때 흔하게 벌어지는 일이다. 초미니 알바선인장은 특히 겨울에 물을 많이 주었다고 느낀다면 거의 하룻밤 만에도 썩을 수 있다. 관수 전에는 흙이 완전히 마른 상태여야 하고, 2주 정도는 물을 주지 않아도 걱정할 필요가 없다. 이 식물은 5~8cm 크기의 작은 용기에 계속 키워도 행복하게 자랄 것이다. 게다가 작은 용기라 물을 주더라도 빨리 말라서 좋다.
　돌볼 때는 정말 세심한 주의가 필요하다! 알바선인장은 연약해서 작은 자구가 쉽게 떨어진다. 그럴 때는 떨어진 자구가 자가 치료를 하도록 2주 정도 놔둔 후 흙 위에 올려두면 새롭게 뿌리가 나올 것이다.

식물 종류 · 육상식물	**습도 ·** 낮게 유지	**같은 방식으로 키울 수 있는 종 ·** 투구선인장, 코리판다 비비파라,
난이도 · 초급~중급	**온도 ·** 따뜻하게 유지, 21~27℃, 영하 10℃까지 견딤	노랑비화옥(짐노칼리시움 발디아눔), 만월(마밀라리아 칸디다), 옥옹(마밀라리아 아니아나),
적정 광량 · 강한 빛, 양지, 오후 음지도 괜찮음	**비료 ·** 봄~여름까지 한 달에 한 번씩 희석한 비료의 1/4 시비	월영환(마밀라리아 제일만니아나), 레부티아 파브리시
용토 · 선인장용 모래 믹스, 배수성이 좋은 것	**크기 ·** 8~13cm	
관수 · 조금만 주기, 물 주기 전 건조함 유지	**번식 방법 ·** 자구꽂이, 클럼프 나누기, 종자	

상단: 이 조그만 알바선인장은 2.5cm 화분을 넘어서는 자라지 않을 것이다.
오른쪽 하단: 이 선인장은 모본에서 떨어져 나온 자구에서 자란 것이다.
왼쪽 하단: 알바선인장이 거대한 클럼프를 형성하며 7.5cm 용기에서 자라고 있다.

초미니 페페로미아

초미니 페페로미아도 종류가 매우 많아서 창가를 장식할 단 한 가지만 추천하기가 곤란할 지경이다. 대부분은 유리 용기 속에 넣어서 높은 습도를 유지해야 하지만 페페로미아 루벨라 같은 종은 일반적인 실내 환경에서도 꽤 잘 자란다. 당신도 잎 뒷면과 줄기의 강렬한 석류색을 본다면 분명 홀딱 반할 것이다. 석류색과 대조되는 진한 올리브색의 작고 통통한 잎과 잎맥은 말할 것도 없고 말이다. 새로 나온 어린잎은 더 동그스름하고 잎맥도 더 선명한 흰색을 띠며, 시간이 지나면 잎끝이 더 길고 뾰족해진다. 이 모습을 보면 너무 귀여워 꼬집지 않고는 견디지 못할 것이다! 페페로미아 루벨라는 자메이카가 원산지인 초미니 종이며 하층식물로 자란다.

크기 10~13cm까지는 위로 쑥쑥 자라다가 줄기가 마치 폭포수처럼 용기 밖으로 쏟아져 내려올 것이다. 전체 길이는 30cm 정도 된다.

돌보기 페페로미아 루벨라는 중간에서 밝은 간접광에서 잘 자라며, 직사광선을 피해야 한다. 약한 빛도 견디지만 잎이 약간 옅어질 것이다. 동쪽이나 남쪽 창가가 가장 좋고, 북쪽 창가에 둘 예정이라면 약간의 빛을 더 보충해주어야 한다. 아니면 형광등 생장등이나 LED 생장등에 두고 하루에 10~12시간 정도 빛을 받도록 해도 된다. 조명은 30~60cm 떨어진 곳에 설치하는 것만 기억해두자.

이 책에서는 루벨라를 다육식물로 분류해놓았지만, 중간 정도의 습도에서 물만 주기적으로 준다면 잘 자라는 녀석이다. 대부분의 페페로미아도 이와 비슷하다. 물을 주기 전 흙은 살짝 마른 상태여야 한다. 5~8cm 정도의 작은 화분에서 키우면 수분 관리가 더 쉽고 클로슈나 유리 용기에서도 잘 자란다.

식물 종류 · 육상식물	**습도** · 낮게~높게 유지	**같은 방식으로 키울 수 있는 종** · 펠리오니아 리펜스, 페페로미아 '픽시', 페페로미아 파겔린디, 페페로미아 프로스트라타, 페페로미아 그라베올렌스, 페페로미아 호프마니, 페페로미아 쿼드랑굴라리스, 필레아 데프레샤(아기의 눈물), 플렉트란투스 프로스트라투스
난이도 · 초급	**온도** · 따뜻하게 유지, 21~27℃	
적정 광량 · 중간~밝은 간접광, 직사광선이 없는 곳	**비료** · 한 달에 한 번씩 희석한 비료의 1/4 시비	
용토 · 통기성과 배수성이 좋은 것	**크기** · 길이 5~10cm	
관수 · 항상 촉촉함 유지, 물 주기 전 살짝 건조함 허용	**번식 방법** · 줄기꽂이, 잎자루꽂이, 포기 나누기	

← **상단:** 5cm 크기 화분에 담겨 집 안에서 자라는 녀석이다.
왼쪽 하단: 많은 페페로미아 종이 유리 용기나 창가 모두에서 잘 자란다. 페페로미아 '바뇨스 에콰도르', 페페로미아 프로스트라타, 페페로미아 쿼드랑굴라리스, 페페로미아 루벨라.
중앙: 페페로미아 쿼드랑굴라리스는 2.5cm 세라믹 화분에서도 행복하게 지내고 있다.
오른쪽: 이 녀석은 2.5cm 세라믹 화분에 자리 잡은 페페로미아 프로스트라타다.

줄초록구슬

녹영은 전형적으로 많은 집사들에게 사랑받는 실내식물이며, 여기에는 당연히 그럴 만한 이유가 있다. 진주 모양의 독특한 잎을 가진 이 사랑스러운 다육식물은 긴 화분이나 작은 행잉 바스켓에서 자라는 인상적인 종류다. 국화과 식물이며, 시나몬 향이 은은하게 나는 아름다운 흰색 방울 모양 꽃이 핀다. 여기에서 씨앗을 채집할 수 있다. 녹영은 남아프리카 암석 지대에서 자생하고 있다. 그리고 주변 식물과 바위에 둘러싸이며 반그늘이 형성된 곳에서 지피식물(지표를 낮게 덮는 식물-옮긴이)로 자란다.

크기 줄기는 8cm 정도(보통 땅 위에 거의 붙듯이 자란다) 위로 올라오다 화분 밖으로 넘어가기 시작할 것이다. 뻗어나가는 줄기의 길이는 60cm 정도다. 동그란 잎은 완두콩만 하다.

돌보기 대부분의 다육식물이 강한 빛을 좋아하지만, 이 녀석은 반그늘에서 적응할 수 있다. 야생에서도 뜨거운 태양을 피해 그늘에서 자란다. 하워르티아처럼 동쪽이나 차단물이 없는 북쪽 창가에 두면 된다.

녹영의 통통한 잎은 물을 더 많이 머금고 증산작용(잎을 통해 빠져나가는 물 손실 작용)을 줄일 수 있게 설계되었다. 각각의 작은 잎에는 반투명 '창문'을 가지고 있어 빛을 더 흡수할 수 있다. 녹영의 뿌리 체계는 상대적으로 작아서 통기성과 배수성이 좋은 작은 용기에서 키워야 한다. 물을 주기 전 토양은 말라 있어야 하며, 물을 줄 때는 과습되지 않게 해야 한다. 언제 물을 주어야 할지 감이 잡히지 않는다면 잎이 살짝 쪼그라들기 시작할 때까지 기다리자. 아니면 넓고 얕은 용기를 사용하는 것도 좋은 방법이다. 이런 용기는 수분을 조절하기 쉽고 식물이 토양 위를 기기도 편할 것이다.

다 육 식 물 과 선 인 장

식물 종류 · 육상식물

난이도 · 초급~중급

적정 광량 · 중간~강한 세기의 빛, 오후에는 햇빛이 비치지 않는 곳

용토 · 통기성과 배수성이 좋은 것

관수 · 적게~중간 정도 주기, 물 주기 전 건조함 유지

습도 · 낮게 유지

온도 · 따뜻하게 유지, 20~27℃

비료 · 봄~가을까지 한 달에 한 번씩 희석한 비료의 1/4 시비

크기 · 길이 8cm, 5~8cm 용기 사용

번식 방법 · 종자, 줄기꽂이, 클럼프 나누기

같은 방식으로 키울 수 있는 종 · 군옥(페네스트라리아 로팔로필라), 백수락, 은월(세네시오 하워르티), 세네시오 헤레이아누스, 세네시오 스카포서스, 세네시오 라디칸스

← 5cm 테라코타 화분에서 자라는 이 조그맣고 귀여운 녹영의 꽃은 만개 후 시들어서 곧 씨앗을 맺을 것이다. **사진 속 사진:** 백수락의 잎은 마치 눈물이 방울방울 맺힌 듯 보인다 해서 눈물방울이라는 유명한 이름이 붙게 되었다. 이 녀석은 5cm 흰색 테라코타 화분에서 자라고 있다.

식충식물

나는 작은 식충식물에도 푹 빠져 있는데 특히 창가나 개방형 생장 선반에서 키우기 쉬운 녀석들을 좋아한다. 작고 귀여운 꽃과 벌레잡이통인 포충낭을 가지고 있으면서 벌레까지 잡는 이 매력적인 식물들을 보는 일은 항상 즐겁다. 게다가 개방된 곳에서 키울 수 있는 식충식물은 다른 실내식물을 괴롭히는 버섯파리도 잡아주니 얼마나 기특한가!

창가에서 쉽게 키우기에 딱 맞는 초미니 식충식물을 찾고 있다면 휴면기가 없는 육상 종을 찾아보길 바란다. 해가 잘 드는 남쪽이나 서쪽 창가에서 키울 수 있는 초미니 식충식물에는 끈끈이주걱속의 끈끈이주걱이 있고, 그중에서 피그미 끈끈이주걱은 정말 상당히 귀엽고 앙증맞다. 작은 식충식물 중에는 미국 포충낭 식물인 사라세니아도 있는데 파리지옥처럼 햇볕이 따스하게 들어오는 창가에 있는 것을 좋아한다. 파리지옥은 휴면기가 있어서 경험이 적은 재배가는 이를 모르고 실수를 범하기도 한다.

조금 더 어려운 단계를 시도해보고 싶다면 조그만 호주 포충낭 식물(세팔로투스)에 한번 도전해보자. 이 녀석은 키우기 조금 까다롭긴 하지만 말도 안 되게 귀엽다. 겨울에 휴면 기간이 필요한 식물이다.

빛이 적게 들어오는 북쪽 창가는 물론 동쪽 창가도 식충식물을 키우기에는 적절치 않지만, 멕시칸벌레잡이제비꽃(핑귀쿨라)과 육상 통발(땅귀개) 같은 몇 가지 초미니 식물종은 이런 장소에서도 키울 수 있다. 그러나 내 경험상 통발은 실내에 해가 잘 들어오는 곳에 두거나 빛을 보충해주어야 꽃을 더 잘 피웠다.

4장 '유리 용기 속 초미니 식물(120쪽)'에도 식충식물이 나오긴 하지만 따로 분류해두지는 않았다. 이 책에 나오는 식물들 대부분이 창가 재배에 더 잘 맞기 때문이다. 밀폐형 테라리엄은 보통 식충식물의 야생 환경보다는 열대 환경을 재현했기 때문에 비열대 식충식물을 여기서 키우면 높은 습도를 잘 견디지 못할 것이다.

물론 테라리엄에 더 많은 장치를 설치해 적절한 환경을 만들어주면 강한 빛도 제공할 수 있고 환기도 더 잘 되겠지만, 이런 번거로운 절차를 거치며 굳이 비열대 식충식물을 키우느니 밀폐형 테라리엄에서 잘 자라는 종을 키우라고 추천해주고 싶다. 내가 좋아하는 초미니 식충식물인 멕시칸벌레잡이제비꽃과 육상 착생종 통발(땅귀개)은 와디언 케이스나 클로슈에서 키워도 되고, 개방형 테라리엄이나 버블볼에 심어도 된다. 이 녀석들은 밀폐형 테라리엄 재배 환경에서도 견딜 수 있는 종이다. 그 외 식충식물을 유리 용기에서 키우고 싶다면 '열대'라는 라벨이 적힌 종류로 찾아보도록 하자.

← 초미니 분홍색 꽃을 피운 피그미 끈끈이주걱인 오미사와 풀첼라 교배종이다.

피그미 끈끈이주걱

이 벌레잡이들을 제대로 보기 위해서는 돋보기를 가져와야 한다! 식충식물 중에 단연 귀요미로 등극한 피그미 끈끈이주걱은 키우기 가장 쉬운 종이기도 하다. 끈적한 물방울 모양 액체가 아침 이슬을 흉내 내며 작은 로제트 모양 잎을 둘러싸고 여러 곤충을 치명적인 덫으로 유혹한다. 파텐스와 옥시덴탈리스 교배종인 이 피그미 끈끈이주걱은 자연 교배종(인공 교배종이 아닌)이며, 아름다운 천연 붉은색 잎을 가지고 있고 상대적으로 큰 분홍색 꽃을 피운다. 잘 알려진 50가지 종은 주로 웨스턴오스트레일리아의 남부 지역에서 발견된다. 아쉽게도 이 아름다운 교배종은 야생에서 멸종된 상태다.

크기 대부분의 피그미 끈끈이주걱은 2.5cm 미만으로 자라고 크기는 제각각이다. 파텐스와 옥시덴탈리스 교배종의 경우 1.3cm 정도밖에 되지 않는다. 놀랍게도 이 조그마한 몸에 비해 직근은 20cm에 이르기도 한다!

돌보기 피그미 끈끈이주걱은 강한 빛이나 완전한 양지에서 자라야 한다. 밝은 남쪽이나 서쪽이 가장 좋고 아니면 고광도 LED 등 바로 아래에서 키워야 한다. 강한 빛을 주면 색이 전체적으로 더 짙어진다. 시원한 기온을 더 좋아해서 겨울부터 봄까지 가장 활발하게 자란다. 따로 휴면 기간이 필요 없지만 기온이 높아지면 휴면을 할 수도 있다.

그릇에 빗물이나 정수된 물을 5cm 정도 붓고 피그미 끈끈이주걱이 있는 화분을 놓은 후 물이 줄어들면 다시 채워주자. 일주일 이상 집을 비울 때는 클로슈로 덮어주면 된다. 화분은 긴 직근이 잘 자리 잡을 수 있도록 길이와 너비가 10~15cm 정도인 것을 선택하자. 플라스틱이나 밀폐형 세라믹 화분을 쓰면 수분이 빨리 빠져나가지 않아 좋다. 식충식물용 모래 믹스를 사용하고, 가을에서 봄까지 희석한 유기농 관엽식물용 비료를 1/4 정도 매달 분무해준다.

식물 종류 • 육상식물, 늪지식물	**온도 •** 시원~따뜻하게 유지, 5~27℃	**같은 방식으로 키울 수 있는 종 •** 끈끈이주걱 디크로세팔라, 끈끈이주걱 에키노블라스투스, 끈끈이주걱 마니아이, 끈끈이주걱 미크란사, 끈끈이주걱 옥시덴탈리스, 끈끈이주걱 니티둘라, 끈끈이주걱 오미사 × 풀첼라, 끈끈이주걱 팔레아세아, 끈끈이주걱 스콜피오이데스
난이도 • 초급~중급		
적정 광량 • 강한 빛, 직사광선	**비료 •** 불필요, 주고 싶다면 희석한 관엽식물용 비료의 1/4 시비	
용토 • 배수성이 좋은 모래/토탄/코이어 믹스, 산성	**크기 •** 1.3cm	
관수 • 항상 젖어 있도록 유지, 빗물 또는 정수된 물만 사용	**번식 방법 •** 무성아, 잎자루꽂이(잎자루에 붙은 턱잎이 닿지 않게), 종자(어려움)	
습도 • 민감하지 않음		

← 파텐스와 옥시덴탈리스 교배종인 피그미 끈끈이주걱이 군락을 이루며 꽃을 피우고 있다.

(멕시칸)벌레잡이제비꽃

초보 식물 집사들이 이 여리여리한 모습에 살짝 투명해 보이기까지 한 식충식물을 보면 겁을 집어먹을 수도 있다. 하지만 멕시칸벌레잡이제비꽃은 상대적으로 쉽게 키울 수 있는 창가 식물이다. 벌레잡이제비꽃에도 많은 종이 있지만 내 생각에는 멕시칸벌레잡이제비꽃이 가장 예쁜 종류 중 하나인 것 같다. 라벤더와 자색이 적절히 어우러진 잎은 로제트 모양을 이루며 자라고, 곧 눈부신 메탈릭 퍼플색 꽃을 피운다. 여름이 되면 끈끈한 잎으로 벌레를 잡기 시작한다. 멕시칸벌레잡이제비꽃은 중앙아메리카와 카리브 해의 안개 낀 숲에서 착생식물로 자란다. 이곳의 기후는 여름에 따뜻하고 습하며, 겨울은 시원하고 건조하다.

크기 멕시칸벌레잡이제비꽃의 너비는 대개 3cm를 넘지 않으며, 잎은 지표면을 기준으로 1cm 정도 올라온다. 꽃줄기의 길이는 5~8cm다.

돌보기 이 식물은 중간에서 강한 빛을 좋아해서 반양지와 비슷한 조건에서 키우면 된다. 야생의 벌레잡이제비꽃이 반음지에서 자라기 때문에 피그미 끈끈이주걱보다 빛 요구량이 살짝 낮은 편이다. 아침 해가 비치는 동쪽 창가가 최적의 장소다. 빛을 조금 더 주면 잎은 라벤더색으로 변하는데 그 모습이 얼마나 사랑스러운지 모른다. 아니면 LED 생장등 아래에 두고 키워도 된다.

따로 휴면이 필요하지 않지만 계절별로 필요한 물의 양이 다르다. 여름은 식물이 자라면서 끈적한 잎이 나오는 시기이므로 그릇에 빗물이나 정수된 물을 2.5cm 정도 붓고 그 위에 화분을 계속 올려두자. 겨울에는 잎이 작게 자라기 때문에 물을 주기 전에 그릇과 흙이 말라 있는지 먼저 확인해야 한다.

화분에는 단단하지 않고 돌이 섞인 포팅 믹스에 모래나 펄라이트, 부석을 많이 넣어준다. 피그미 끈끈이주걱처럼 이 식물도 뿌리가 길어서 전체 크기에 비해 상대적으로 길고 넓은 용기를 골라야 한다. 아니면 개방된 테라리엄에 바로 심거나 찻잔에 넣고 키워도 된다. 비료를 주고 싶다면 끈끈한 잎이 나오는 시기에만 희석한 유기농 관엽식물용 비료를 1/4 정도 뿌려주자.

식물 종류 • 암생식물, 암극식물	**관수** • 빗물 또는 정수된 물, 여름에는 촉촉하게, 겨울에는 살짝 건조함 유지	**번식 방법** • 종자, 포기 나누기
난이도 • 초급~중급		**같은 방식으로 키울 수 있는 종** • 벌레잡이제비꽃 크라시폴리아, 벌레잡이제비꽃 엘러시, 벌레잡이제비꽃 이마기나타, 벌레잡이제비꽃 라우에나, 벌레잡이제비꽃 모라넨시스, 벌레잡이제비꽃 렉티폴리아, 벌레잡이제비꽃 교배종, 세팔로투스 폴리쿨라리스
적정 광량 • 중간~강한 세기의 빛, 반양지	**습도** • 중간~높게 유지	
	온도 • 10~32℃	
용토 • 통기성이 좋은 것, 돌, 살짝 알칼리성	**비료** • 불필요, 주고 싶다면 희석한 관엽식물용 비료의 1/4 시비	
	크기 • 너비 2.5cm	

← 이 멕시칸벌레잡이제비꽃은 보통 빗물이 2.5cm 정도 담긴 용기 안에 있다.

육상 통발

나는 이 자그마한 다년생 육상식물인 통발을 매우 아낀다. 잎은 아주 빠르게 자라나 곧 용기를 빼곡하게 채운다. 그리고 보너스로 1년 내내 많은 양의 꽃줄기를 산발적으로 생산하며, 각 줄기에는 5~6개의 흰색과 옅은 자색이 섞인 꽃이 피어난다. 이렇게 조그마한 식물이 보여주는 다채로운 모습을 보면 놀라지 않을 수 없다. 땅속 줄기에서 나온 조그마한 잎은 땅 위로 얼굴을 내밀고 있다. 작은 벌레잡이 덫은 땅속에 자리를 잡고 버섯파리 유충이나 선충처럼 아주 작은 생물체를 잡아먹는다. 통발은 식충식물 중에서 가장 크며, 멕시코와 남아프리카의 열대 지방과 아열대 지방에서 자생하고 있다. 현재까지 과학자들이 파악한 수는 약 233종이다.

크기 잎은 땅 위에 거의 붙듯이 자라며 크기가 0.6cm밖에 되지 않아 매우 작은 크기를 자랑한다. 꽃줄기는 5~7.5cm까지 자라며, 뿌리와 땅속 벌레잡이 덫은 보통 5cm 정도 된다.

돌보기 통발은 양지 정도의 강한 빛을 받아야 잘 자라고 꽃도 피운다. 그러니 북쪽을 피해 남쪽이나 서쪽 창가에 두거나 식물 생장등 밑에 두고 빛을 보충해주도록 하자. 아니면 봄에서 가을까지 해가 잘 비치는 테라스나 야외 발코니에 두고 길러도 된다.

용토는 계속 촉촉함이 유지되는 모래 토탄, 코이어 포팅 믹스, 잘게 자른 수태 믹스를 선택하면 아주 잘 자랄 것이다. 물은 일주일에 네다섯 번씩 주어서 수분을 흠뻑 취할 수 있도록 해주자. 작은 용기에서 키운다면 매일 물을 주거나 분무를 해야 한다. 이 식물은 물구멍이 있는 용기, 쟁반, 물구멍이 없는 방수 용기 모두에서 잘 자란다. 물구멍이 있는 용기에서 키운다면 바닥에 촉촉한 수태를 1.3cm 정도 깔아주면 습도를 조절하기 더 쉽다. 아니면 빗물이나 증류수를 2.5cm 정도 부은 용기에 화분을 계속 올려두어도 된다. 통발을 반드시 유리 용기나 테라리움 또는 아쿠아리움에서 기를 필요는 없지만 이런 환경에서 키우면 더 잘 자란다.

식물 종류 • 육상식물, 암생식물	**관수** • 항상 촉촉함 유지, 빗물 또는 정수된 물만 사용	**크기** • 잎은 땅 위에 거의 붙듯이 자람, 꽃줄기의 길이 5~8cm
난이도 • 초급	**습도** • 중간으로 유지	**번식 방법** • 포기 나누기, 종자
적정 광량 • 강한 빛, 양지	**온도** • 따뜻하게 유지, 20~27℃, 휴면 기간 불필요	**같은 방식으로 키울 수 있는 종** • 땅귀개 샌더소니, 땅귀개 수블라타, 땅귀개 푸베스켄스
용토 • 모래가 섞인 코이어 또는 모래/코이어/수태 믹스	**비료** • 불필요, 주고 싶다면 희석한 관엽식물용 비료의 1/4 시비	

← 땅귀개 리비다 '메리 하트'는 너무 작아서 찻잔에서도 충분히 키울 수 있다. 이끼를 넣어두면 수분 관리하기 좋다. **사진 속 사진:** 이 초미니 벌레잡이 덫을 이용해 아주 작은 생물을 잡는다.

반수생식물

반수생식물은 대부분 유리 용기나 팔루다리움, 아쿠아리움에서 가장 잘 자라지만, 뿌리 체계가 계속 물에 닿기만 한다면 덮개 없는 용기에서도 키울 수 있는 종도 있다. 창가에서 수생식물을 키우는 모험을 해보고 싶다면 계절에 따라 건조하거나 습해지는 환경에서 자라던 식물 또는 습지 같은 조건에서 지피식물로 자라는 녀석들을 한번 찾아보자. 이런 식물은 습도가 낮아도 잘 견딜 수 있다.

← 나의 워터코인에서 초미니 꽃들이 피어나고 있다.

워터코인

워터코인은 다양한 성장 환경에서도 잘 견디는 꽤 능력 있는 녀석이다. 이 보석 같은 작은 식물은 밝은 녹색의 클로버와 비슷한 잎을 가지고 있으며, 착생식물로 자라거나 땅 위를 포복한다. 당신이 스웨디시 아이비를 바스켓에서 키워본 적 있다면 워터코인이 바로 이 식물의 미니어처 버전이라 생각하면 된다! 햇빛을 충분히 주면서 화분에서 키우면 아주 작은 꽃도 볼 수 있을 것이다. 워터코인은 아시아와 아프리카의 열대 지역이 원산지인 포복식물이다. 그러나 현재는 세계 곳곳 따뜻한 기후의 지역이라면 이 녀석들을 만나볼 수 있다. 이 종은 땅 위를 기며 자라기도 하고 민물에서 몸을 물 밖으로 내밀고 자라기도 한다. 습지나 강가에서 자라면 잔디밭의 '잡초'처럼 주변 지역을 뒤덮을 수 있다는 사실을 유념해두자.

크기 워터코인의 길이는 2.5cm밖에 되지 않지만 뻗어나가는 줄기의 길이는 자그마치 30cm에 이르며, 더 길어지기도 한다. 잎의 너비는 보통 0.6~1.3cm다.

돌보기 중간에서 강한 빛을 받을 수 있는 곳이나 양지에 두면 최상의 상태를 유지한다. 남쪽 창가에 두고 밝은 빛을 듬뿍 받도록 하자. 워터코인은 또한 동쪽이나 서쪽 창가의 직사광선도 견딜 수 있다. 나는 북쪽 창가에 두고 LED 등을 위에 설치해 빛을 보충해주고 있다. 테라리엄에서 키운다면 내부 조명을 밝게 해주어야 한다.

뿌리층은 계속 수분을 공급받아야 하기 때문에 화분에 젖은 흙을 깔아두거나 개방형 테라리엄에 심는 것을 추천한다. 아니면 팔루다리움이나 리파리움에서 수생식물로 키울 수도 있다. 창가에서 키운다면 물구멍이 있는 화분에 워터코인을 심고 2.5~5cm 정도 물이 담긴 용기에 계속 올려두면 된다. 이렇게 해두면 유리 용기에서 키울 필요가 없다. 뿌리층이 마르면 잎은 빠르게 시들 것이다. 물을 주는 데 계속 어려움을 겪고 있다면 클로슈로 덮어두거나 유리 용기 안에 넣어 습도를 올려야 한다.

식물 종류 • 육상식물, 수생식물	**관수** • 항상 촉촉함 유지, 물 저장통 이용하기	**크기** • 길이 2.5cm, 뻗어나가는 줄기의 길이 30cm
난이도 • 초급	**습도** • 중간~높게 유지	**번식 방법** • 줄기꽂이, 클럼프 나누기
적정 광량 • 중간~강한 세기의 빛, 양지	**온도** • 시원~따뜻하게 유지, 20~27℃	**같은 방식으로 키울 수 있는 종** • 하이드로코타일 트리파르티타, 눈동자꽃, 네르테라 데프레샤
용토 • 무겁고 촉촉한 형태	**비료** • 한 달에 한 번씩 희석한 비료의 1/4 시비	

← 워터코인(피막이 또는 하이드로코타일 시브소르피오이데스)은 빠르게 자라 조그만 줄기를 마음껏 펼치는 창가 식물이다.

4

유리 용기 속 초미니 식물

여러 초미니 식물, 특히 착생식물은 일반적으로 개방된 집 안 환경보다 상대습도가 높고 뿌리층이 젖어 있는 환경을 선호한다. 당신이 고습도 식물을 정말 사랑하지만 큰 열대 식물을 키우기에 알맞은 습도를 갖추기 어렵다면 초미니 식물에 한번 도전해보자.

초미니 식물은 크기가 작아서 고습도 식물이라도 클로슈 아래, 유리 보관 용기, 와디언 케이스나 다른 비슷한 밀폐형 공간에서 키울 수 있다. 육상식물은 화분에 심어 유리 용기에 넣어두거나 작은 테라리엄과 아쿠아리움에 바로 심으면 되고, 착생식물은 유리병이나 테라리엄 안에 촉촉한 수태를 넣고 그 위에 두거나, 나뭇가지나 나무고사리 바크에 활착시키면 된다. 유리 용기 안에서 자신만의 정원을 가꾸고 꾸밀 방법은 무궁무진하다.

일반적으로 이런 식물은 테라리엄에서 많이 자라지만 관리하고 이동하는 데 손이 더 가는 편이다. 그래서 뿌리 근처의 통풍이 중요한 고습도 식물이라면 이곳에서 썩을 수도 있다. 나는 테라리엄과 비바리움에 이것저것 설치하는 것을 정말 좋아하지만, 초미니 식물의 경우 대부분 화분에 심거나 활착시켜서 유리 용기에 넣거나 클로슈로 덮어둔다. 아니면 환기팬이 있는 오키다리움을 사용하기도 한다. 개별로 두면 좀 더 신경 써줄 수 있고 관리도 잘 되는 것 같다. 그리고 창가나 더 좁은 공간에 두기도 좋고 집 안 여기저기 옮기기도 편하다.

'같은 방식으로 키울 수 있는 종' 부분을 살펴보면
비슷한 조건에서 키울 수 있는 초미니 식물을
보다 많이 알 수 있다.

관엽식물

커다란 천남성과 식물이나 다른 열대 관엽식물이 최근 많은 식물 집사들의 환상을 채워주고 있는 현재에도 당신이 좋아하는 필로덴드론이나 양치식물의 초미니 버전을 찾는 즐거움은 함께 존재한다. 일단 당신이 아쿠아리움과 비바리움에서 식물을 키우는 사람들을 눈여겨보기 시작한다면 미니어처 관엽식물이라는 완전히 새로운 세상에 눈을 뜨게 될 것이다.

대부분의 실내 관엽식물은 보다 높은 습도를 좋아한다. 그리고 여기 나오는 초미니 열대 식물도 일반적인 집안 환경보다 더 높은 습도와 수분을 원하기 때문에 유리 용기-밀폐형 용기 또는 클로슈-나 와디언 케이스, 오키다리움, 테라리움, 아쿠아리움에 두는 게 좋다.

←나의 초미니 플레오펠투스 페르쿠사가 유리 용기 속에 있다.

드워프 베고니아

베고니아와 '페리도트' 교배종은 근경형 렉스 베고니아의 미니어처 버전이며, 쾌활한 모습을 자랑한다. 이 녀석은 유리 용기나 테라리엄에서 키우기 아주 적합하다. 잎은 은회색이고 강렬한 붉은색 줄기를 가지고 있다. 다른 렉스 베고니아가 그렇듯이 성장하면서 색이나 특징이 바뀌기도 한다. 다 자라면 잎이 완전히 은색을 띠기도 하고 짙은 빨간색이나 구리색이 되기도 한다. 렉스 베고니아는 베고니아 교배종이며, 모든 렉스 베고니아 교배종은 양친 종 중 하나가 반드시 베트남, 중국 남부 지방, 인도 북동 지방의 바위가 많은 숲에서 서식하는 렉스 베고니아다.

크기 잎 지름이 4cm 이상 크지 않는 식물이다. 길이와 너비는 조금씩 다르지만 보통 길이 20cm, 너비 5~8cm 정도 된다.

돌보기 대부분의 렉스 베고니아처럼 중간에서 강한 간접광의 다양한 빛 노출을 견딜 수 있다. 하지만 뜨거운 직사광선은 피해야 한다. 동쪽 창가가 가장 이상적이지만 남쪽에 둔다면 창가에서 조금 떨어진 곳에 두어야 한다. 생장등을 설치하고 키워도 된다.

이 식물은 꾸준히 수분을 공급받아야 하지만 뿌리가 작아서 통풍도 중요하다. 그래서 키우기 까다롭다고 느끼는 사람들도 있다. 화분을 선택할 때는 물구멍이 있는 토분으로 하자. 뿌리층의 공기와 수분이 원활히 이동할 수 있고 과습을 어느 정도 방지해준다. 하지만 과습이 되어 썩거나 '녹는' 상태가 되면 통풍이 더 필요하다는 의미로 생각해야 한다. 이런 문제가 발생했다면 당신의 초미니 베고니아를 개방형 유리 버블볼에서 키우는 것도 고려해야 한다. 아니면 공기구멍이 있는 클로슈를 사용해도 된다. 나는 유리 보관 용기, 클로슈, 와디언 케이스에 화분을 넣어 주변 습도를 높여준다.

식물 종류 · 육상식물	**습도** · 중간~높게 유지	**같은 방식으로 키울 수 있는 종** · 베고니아 아리디카울리스, 베고니아 도드소니, 베고니아 제미니플라라, 베고니아 미누티폴리아, 베고니아 라자, 베고니아 '스몰 체인지', 베고니아 '말도나도', 베고니아 세그레가타 같은 고베니아 덩굴 베고니아스, 베고니아 트로파에올리폴리아, 페페로미아 툴보엔시스
난이도 · 중급	**온도** · 시원~따뜻하게 유지, 20~27℃	
적정 광량 · 중간~밝은 간접광, 직사광선이 없는 곳	**비료** · 한 달에 한 번씩 희석한 비료의 1/4 시비	
용토 · 통기성과 배수성이 좋은 것, 잘게 자른 수태가 혼합된 것	**크기** · 길이 10~20cm	
관수 · 자주 물 주기, 항상 촉촉함 유지, 살짝 건조함 허용	**번식 방법** · 줄기꽂이, 잎자루꽂이, 잎맥꽂이, 종자(어려움)	

← 베고니아 '페리도트'가 5cm 화분에서 자라고 있다.

초미니 오크리프 피그

당신이 제주애기모람의 친척 종인 왕모람(푸밀라고무나무)에 친숙하다면 내가 이 종을 왜 여기에 꼭 넣고 싶어 했는지 이해할 것이다. 왕모람은 자라면 정말 커진다! 반대로 제주애기모람은 훨씬 작은 몸을 계속 유지하며 단풍나무 잎처럼 생긴 작고 사랑스러운 잎을 뽐낸다. 왕모람보다 자라는 속도가 느리며 테라리엄과 비바리움에 서 키우기에 완벽한 포복식물이다. 중국 남부 지방에서 말레이시아에 이르는 열대 지역에서 자생하는 종이다.

크기 제주애기모람의 잎은 0.6~1.25cm밖에 되지 않는다. 지표면을 기준으로 재보면 길이는 2.5cm이며 덩굴은 20cm다.

돌보기 약한 빛 조건에서 아주 잘 자라므로 북쪽이나 차단물이 있는 동쪽 창가에 두도록 하자. 아니면 저광도 생장등으로 빛을 보충해주어도 된다. 나는 사시사철 푸른 참나무로 완전히 가려진 동쪽 창가에 제주애기모람을 넣은 유리 용기를 두었는데 여전히 잘 자라고 있다. 또한 저광도 생장등 아래에서 키우거나 테라리엄에 심고 약한 빛이나 중간 정도의 빛을 받도록 해도 된다.

대부분의 열대 덩굴식물처럼 이 식물도 높은 상대습도와 촉촉함을 유지한 토양이 필요하다. 테라리엄에서 키운다면 나뭇가지나 나무고사리 껍질에 붙어 휘감는 형태로 자랄 것이다. 무질서하게 뻗어나가는 덩굴의 특성상 행잉 바스켓에서 키우기 완벽하지만, 유리 용기 안에서 키우지 않으면 수분 조절이 쉽지 않을 것이다. 이 식물을 유리 용기나 테라리엄에 넣고 나뭇가지, 유목, 돌이나 다른 지주대에 활착시켜보자. 만약 잎이 바래거나 누렇게 변하는 황화현상이 나타나면 희석한 관엽식물용 액체 비료를 1/4 정도 분무하거나 용토에 부어주자.

식물 종류 · 육상식물, 덩굴식물, 반착생식물	**습도** · 높게 유지, 테라리엄/와디언 케이스/유리병/클로슈 이용	**같은 방식으로 키울 수 있는 종** · 푸밀라 변종, 피커스 빌로사, 피커스 라디칸스, 마르크그라비아 움벨라타, 마르크그라비아 렉티플로라, 라피도포라 크립탄다, 라피도포라 파키필라, 펠리오니아
난이도 · 초급	**온도** · 따뜻하게 유지, 20~27℃	
적정 광량 · 약한 빛, 직사광선이 없는 곳	**비료** · 한 달에 한 번씩 희석한 비료의 1/2~1/4 시비	
용토 · 통기성과 배수성이 좋은 것	**크기** · 길이 2.5cm, 기는줄기 20cm	
관수 · 자주 물 주기, 항상 촉촉함 유지	**번식 방법** · 줄기꽂이, 포기 나누기	

← 제주애기모람은 아주 사랑스러우면서도 고상한 미니 덩굴식물이며, 높은 습도를 좋아하는 녀석이다. 나는 이 식물을 유리병에 넣어 키운다.

클링잉 스네이크펀 또는 바인펀

마이크로그람마 헤테로필라는 높은 습도를 좋아하는 양치식물 중에서 초보자가 키우기에 가장 쉬운 편에 속하는 매력적인 초미니 식물이다. 줄기에서 쭉 뻗어나온 작은 진녹색 엽상체(잎)와 진한 잎맥이 정말 아름답다. 또한 여러 반착생 양치식물이 그렇듯 근경에는 솜털이 가득하다. 카리브 해와 미국 플로리다 남부에서 자생하며 보통 착생식물 형태로 발견된다. 하지만 암생식물로 자라기도 한다.

크기 작은 엽상체의 길이는 고작 1.3~2cm밖에 되지 않는다. 작은 화분에서 키우면 클럼프도 작은 형태를 그대로 유지하고, 근처에 막대기나 나뭇가지를 두면 덩굴이 타고 올라갈 것이다.

돌보기 다른 여러 양치식물처럼 이 녀석도 직사광선이 비치지 않는 중간 빛, 음지, 반음지 조건에서 아주 잘 자란다. 북쪽 또는 동쪽 창가에 두거나 낮은 저광도 생장등 아래에서 키운다.

헤테로필라는 뿌리층이 완전히 젖어 있어도, 아니면 간헐적으로 건조해져도 자라는 데 문제가 없어 초보자들이 키우기 쉽다. 상대습도만 중간에서 높은 상태로 유지해주면 된다. 그러므로 이 식물을 5~8cm 정도의 작은 화분에 심은 후 유리 용기에 넣어두자. 아니면 테라리엄이나 원예 용기 안에 배수가 잘되는 테라리엄용 믹스 또는 잘게 자른 수태를 넣고 심어보자. 그러면 천천히 옆으로 퍼져나가며 하나의 매트를 형성하는 모습을 구경할 수 있을 것이다. 비료는 한 달에 한 번씩 희석한 액체 비료를 1/4 정도 주면 된다.

식물 종류 · 반착생식물

난이도 · 초급

적정 광량 · 약한~중간 세기의 빛, 직사광선이 없는 곳

용토 · 통기성과 배수성이 좋은 것 또는 잘게 자른 수태

관수 · 자주 물 주기, 과습에 주의하며 항상 촉촉함 유지, 살짝 건조함 허용

습도 · 높게 유지

온도 · 따뜻하게 유지, 20~27℃

비료 · 한 달에 한 번씩 희석한 비료의 1/2~1/4 시비

크기 · 2.5cm, 길이는 다양함

번식 방법 · 근경꽂이, 포기 나누기, 포자(어려움)

같은 방식으로 키울 수 있는 종 · 마이크로그람마 리코포이데스, 긴콩짜개덩굴, 피로시아 란세올라타, 플레오펠투스 페르쿠사, 아디안텀 마리에시, 부채괴불이끼, 아스플레니움 홀로플레비움, 네프로레피스 엑셀타타(보스턴고사리) '수지 윙'

← 헤테로필라는 조그만 5cm 화분에 심어서 유리 용기에 두면 아주 오랫동안 행복하게 잘 지낼 것이다.

초미니 페페로미아

잎이 큰 페페로미아 종은 많이 봤어도 초미니 사이즈는 생소할지도 모른다. 얼마나 작은지 앉은 자리에서 일어나 얼굴을 가까이 대고 보거나 돋보기를 이용해야 이 식물의 아름다운 잎 문양을 제대로 감상할 수 있을 것이다. 이 쾌활한 초미니 페페로미아는 작은 화분에 담긴 채로 유리 용기에서 자라는 식물 중에서 내가 아끼는 녀석이다. 가끔씩 비바리움에 넣어두기도 한다. 작고 둥근 잎은 옅은 녹색과 짙은 녹색이 어우러져 있고, 잎맥 사이사이에는 강렬한 붉은색과 버건디색도 섞여 있다. 줄기는 핑크빛 붉은색으로 변하기도 한다. '바뇨스 에콰도르'는 정식 등록된 종이 아니며, 에콰도르 바뇨스 근처에서 발견되었다. 바뇨스는 아열대 기후의 고지대에 있는 마을이며, 근처의 활화산이 유명하다. 나는 그곳에서 정말 행복한 시간을 보냈다.

크기 아름다운 초미니 잎은 고작 0.6cm밖에 되지 않으며, 새로 나는 잎의 크기는 0.3cm다. 우아한 형태의 덩굴은 보통 30cm까지 자란다.

돌보기 약한 빛에서 중간 빛, 음지, 반음지에서 자라며, 밝은 간접광 환경을 아주 좋아한다. 잎이 바래기 시작하면 빛이 너무 세거나 직사광선이 심해서다. 화분은 일반 크기를 골라도 되지만 줄기가 덩굴 모양으로 뻗어나가기 시작하면 공기뿌리가 나오고 주변 배지나 이끼에 붙을 수 있다. 뿌리층은 항상 촉촉해야 한다. 이 식물은 뿌리가 내리고 새순이 나오는 속도가 느린 편이며, 모종이나 꺾꽂이를 한 용기에 뚜껑을 덮어두지 않거나 개방형 용기에 둔다면 빠르게 쪼그라들 것이다. 다 자란 성체는 개방된 공간에 두어도 되지만 주기적으로 분무를 해주어야 한다.

식물 종류 · 반착생식물

난이도 · 중급

적정 광량 · 약한~중간 세기의 빛, 직사광선이 없는 곳

용토 · 통기성과 배수성이 좋은 것

관수 · 과습에 주의하며 항상 촉촉함 유지

습도 · 중간~높게 유지

온도 · 시원~따뜻하게 유지, 20~27℃

비료 · 한 달에 한 번씩 희석한 관엽식물용 비료의 1/4 시비

크기 · 길이 1.25cm, 덩굴의 길이는 다양

번식 방법 · 줄기꽂이, 포기 나누기

같은 방식으로 키울 수 있는 종 · 마르브그라비아, 페페로미아 안토니아나, 페페로미아 이마지넬라, 페페로미아 에부르네아, 페페로미아 파겔린디, 페페로미아 구툴라타, 페페로미아 벨루티나, 페페로미아 빌라카울루스, 페페로미아 '실버 스트라이프', 필레아 데프레사(아기의 눈물)

← 페페로미아 '바뇨스 에콰도르'는 유리 용기나 테라리엄에서 만족하며 자란다.

초미니 필로덴드론

나는 '미니 산티아고'보다 더 작은 필로덴드론을 본 적이 없다. 몇몇 희귀한 미니어처 종이 최근 에콰도르와 페루 등의 화원에 들어왔지만 이들의 정식 명칭은 아직도 바뀌는 중이다. 그리고 그중 하나가 이 녀석이다. '미니 산티아고'는 초미니 덩굴성 필로덴드론이며, 밝은 에메랄드색 잎에는 마치 조각한 듯한 짙은 잎맥이 있다. 정말 스타일리시한 모습이다! 야생에서는 에콰도르 아열대 지역인 산티아고 근처에서 반착생 덩굴식물 형태로 발견되었다.

크기 '미니 산티아고'의 초미니 잎은 길이 2.5cm, 너비 1.25cm가 채 되지 않는다. 나는 덩굴의 최대 길이를 모르지만 성장 속도가 매우 느려서 굳이 넓은 공간에서 키워야 하는지는 모르겠다.

돌보기 약한 빛부터 중간 빛의 간접광에서 자라기 때문에 북쪽 창가나 저광도 생장등에서 61cm 정도 떨어진 곳에 이 녀석을 두면 된다. 만약 인공조명이 설치된 테라리엄에서 키운다면 조명이 너무 가까이 붙지 않도록 해야 한다. 잎이 밝은 에메랄드빛 녹색을 띠고 말리지 않으면 빛 세기가 적당하다는 의미다. 빛이 너무 강하면 잎이 말리며, 색도 옅은 녹색에서 노란색으로 변할 것이다. 줄기의 마디 길이 또한 빛이 강하면 줄어든다.

화분에 '미니 산티아고'를 식재 후 유리 클로슈로 덮어두거나 보관 용기, 와디언 케이스 안에 넣어두면 상대습도가 높아져 촉촉함이 유지될 것이다. 아니면 테라리엄이나 비바리움 안에 바로 심어도 된다. 습도가 적절하면 솜털이 난 기다란 흰색 공기뿌리가 줄기 마디에서 자라날 것이다. 식물 근처에 붙을 만한 배지나 이끼가 있다면 공기뿌리는 거기에 붙어서 자란다. 이끼가 낀 나뭇가지나 통기성 있는 지주대에 착생시켜 키울 수도 있다. 이 녀석은 아주 천천히, 그리고 조심스럽게 뿌리를 내리며 자라기 때문에 인내심은 필수다. 매달 희석한 관엽식물용 비료를 1/4 정도 분무해주자.

식물 종류 · 반착생식물

난이도 · 중급

적정 광량 · 약한~중간 세기의 간접광, 직사광선이 없는 곳

용토 · 통기성과 배수성이 좋은 것

관수 · 자주 물 주기, 항상 촉촉함 유지

습도 · 중간~높게 유지

온도 · 시원~따뜻하게 유지, 16~27℃

비료 · 한 달에 한 번씩 희석한 관엽식물용 비료의 1/4 시비

크기 · 2.5cm, 덩굴의 길이는 다양

번식 방법 · 마디와 공기뿌리가 포함된 줄기꽂이, 뿌리를 천천히 내림

같은 방식으로 키울 수 있는 종 · 필로덴드론 테로미슘, 필로덴드론 '팅고 마리아 미니', 필로덴드론 '코도르', 필로덴드론 '미니 에콰도르'

← 꺾꽂이해서 자라난 필로덴드론 '미니 산티아고'는 초미니 4cm 세라믹 화분에서도 아주 편안해 보인다.

부처손^(석송)

당신이 이끼나 고사리를 정말 좋아한다면 이 초미니 부처손에 홀딱 반할 것이라 자신한다. 이 녀석의 모습을 보고 이끼와 고사리의 중간이 아닐까 생각하는 사람이 많지만 사실 초미니 부처손은 이끼도 고사리도 아니다. 이들은 석송류다! 부처손은 선사시대 양치식물의 친척 종이며 포자로 번식하는 관다발 식물이다. 내가 부처손을 좋아하는 이유는 무성한 잎이 산더미처럼 쌓인 듯한 모습과 생기 넘치는 연두색 잎 때문이다. 깃털이 달린 것 같은 밝은 잎은 어떤 유리병, 버블볼, 테라리엄에 두어도 그 빛을 잃지 않는다. 셀라기넬라속 대부분이 남아메리카와 남아프리카, 호주의 열대 지방에서 서식하며, 부처손은 아프리카와 아조레스 제도의 습도가 높으며 구름이 자주 끼는 온대 기후 지역이 원산지다.

크기 브라우니는 셀라기넬라 중에서도 특히 작아서, 길이가 2.5cm이고 너비는 5~8cm밖에 되지 않는다. 자그마한 창끝 모양 잎은 가로 2.5~3.6mm, 세로 0.8~1.2mm다.

돌보기 비교적 키우기 쉬운 편이다. 특히 협소한 공간에서 말이다. 보통 북쪽 창가처럼 약한 빛 조건에서 잘 자라지만, 동쪽 창가에 두거나 생장등으로 몇 시간 동안 빛을 보충받으면 더 활발해질 것이다. 직사광선에 노출되면 잎이 타기도 한다.

　항상 촉촉함을 유지해야 하기 때문에 습도가 높고 뿌리 쪽 통풍이 잘되는 환경을 좋아한다. 절대 건조한 상태로 두면 안 된다. 화분에 심을 때는 단단하지 않고 물이 잘 빠지는 포팅 믹스를 사용하고, 밀폐형 용기에 심는다면 단단하지 않은 테라리엄용 믹스를 사용하자. 이 식물은 유리 보관 용기나 클로슈에 화분째로 두어도 되고 테라리엄에 심어도 된다. 또한 비바리움에서 키우기도 좋은 식물이다. 내가 키우는 녀석은 작고 밀폐된 유리병에서도 잘 지내고 있으며 물을 거의 주지 않아도 괜찮다. 두 달에 한 번씩 희석한 관엽식물용 비료를 1/4 정도 분무해준다.

식물 종류 · 육상식물	**습도 ·** 중간~높게 유지	**같은 방식으로 키울 수 있는 종 ·** 셀라기넬라 에리스로푸스, 셀라기넬라 에멜리아나, 취운초(셀라기넬라 운시나타), 셀라기넬라 뮐렌도르피, 셀라기넬라 루페스트리스
난이도 · 초급	**온도 ·** 따뜻하게 유지, 20~27℃	
적정 광량 · 약한 빛, 직사광선이 없는 곳	**비료 ·** 1년에 네 번~여섯 번, 희석한 비료의 1/2~1/4 시비	
용토 · 통기성과 배수성이 좋은 것	**크기 ·** 2.5~5cm	
관수 · 자주 물 주기, 항상 촉촉함 유지	**번식 방법 ·** 포기 나누기, 줄기꽂이, 포자	

←5cm 화분에 있는 나의 브라우니가 유리병 속에서 지내고 있다.

천사의 눈물(병아리 눈물, 또래기)

솔레이롤리아는 우아한 자태를 뽐내는 초미니 식물 중 하나다. 그러나 이 쐐기풀과 식물의 소형 종이면서 필레아 친척 종은 적절한 환경이라 판단되면 꽤 적극적으로 자랄 수 있다. 조그맣고 동그란 잎은 빽빽하게 자라나 멀리서 보면 이끼로 착각할 수도 있다. 줄기는 화분 밖까지 뻗어나가고, 테라리엄 안이라면 흙 위로 퍼져나갈 것이다. 보통 잎은 살짝 밝은 녹색이지만 '아우레아'라 불리는 종은 사랑스러운 황록색을 띤다. 솔레이롤리아는 다른 쐐기풀과 식물처럼 지중해성 기후인 남유럽, 특히 사르데냐 섬과 코르시카 섬에서 자생한다.

크기 잎의 크기는 보통 0.6cm다. 5cm 정도는 위로 자라다가 옆으로 퍼지는 형식이다. 기는줄기는 30cm까지 자랄 수 있다.

돌보기 직사광선이 비치지 않는 약한 빛에서 아주 잘 크지만, 북쪽 창가에 둔 후 힘이 없어 보이면 동쪽으로 옮기거나 몇 시간 동안 저광도 생장등에서 빛을 보충해주어야 한다. 현재 솔레이롤리아는 창가에서 키우기 쉬운 실내식물로서 인기를 끌고 있다. 물론 창가 말고도 기후만 잘 맞는다면 잔디에 심거나 화분에 식재해 야외에 둘 수도 있다. 하지만 경험상 이 식물이 개방된 창가에 있으면 너무 빨리 말랐다. 그래서 나는 유리 용기에 넣어두거나 테라리엄에 심는다. 용기를 고를 때는 뿌리층을 촉촉하게 유지시켜주면서도 배수가 잘되는 것을 선택해야 한다. 개방된 곳에 솔레이롤리아를 두고 싶다면 워터코인(118쪽 참조)처럼 길러보자.

식물 종류 · 육상식물

난이도 · 초급~중급

적정 광량 · 약한~중간 세기의 빛, 반음지, 직사광선이 없는 곳

용토 · 통기성과 배수성이 좋은 것

관수 · 자주 물 주기, 항상 촉촉함 유지

습도 · 중간~높게 유지

온도 · 시원~따뜻하게 유지, 10~27℃

비료 · 한 달에 한 번씩 희석한 비료의 1/4 시비

크기 · 길이 5~10cm, 기는줄기 30cm

번식 방법 · 줄기꽂이, 포기 나누기

같은 방식으로 키울 수 있는 종 · 필레아 마이크로필라(작은잎물통이) '바리에가타'

← 4cm 화분에서 자라는 솔레이롤리아 '아우레아'다. 나는 이 녀석을 유리병에 넣어둔다.

화초류

꽃을 피우는 식물은 대개 높은 습도에서 가장 잘 자란다. 초미니 화초 중 꽤 많은 종류가 착생식물이며, 초미니 난초의 범주에 들어간다. 그래서 최상의 결과를 얻기 위해 나는 보통 고습도 초미니 난초를 와디언 케이스나 유리 보관 용기에 넣어둔다. 그리고 공기 순환이 잘되어야 하는 고습도 종을 키울 때는 환기팬이 설치된 오키 다리움이나 통기구멍이 있는 클로슈를 사용한다.

당신이 화초를 화분에서 키우고 싶다면, 화분째로 유리 용기에 넣을 만한 육상 종들은 정말 많다. 특히 제스네리아과나 베고니아속은 선택의 폭이 정말 넓다. 대부분이 개방된 창문 재배 환경에서도 잘 지낼 수 있지만, 일부는 유리 용기에 넣어 습도를 더 높여줄 필요가 있다.

내가 여기에 포함할 가장 작은 꽃은 신닌기아속이며 종종 미니어처 글록시니아라고 잘못 불리기도 하는 식물이다. 사전 경고: 마이크로 신닌기아의 전성기(1960~1970년대이며, 실내식물이 큰 인기를 얻었을 때)는 이미 수년 전에 지나갔다. 이런 보석을 발견하는 일은 언제나 쉽지 않지만 나는 다시 이 아이들이 유행의 반열에 오를 수 있도록 열심히 임무를 실행 중이다. 당신은 어쩌면 신닌기아 푸실라의 씨앗을 발견하는 최고의 행운을 거머쥘 수도 있겠지만 교배된 원예종을 제한된 양으로 구매하는 게 보다 쉬울 것이다. 물론 이것보다 조금 더 크거나 일반적인 크기의 신닌기아를 구하기가 더 쉽고, 희귀하고 가치 있는 종을 찾아보는 일은 시간과 노력이 추가로 필요하다. 하지만 그만큼 얻는 행복도 더 크지 않을까?

높은 습도의 유리 용기에서 화초를 키울 때 해야 하는 중요한 과제 중 하나가 시든 꽃을 따는 일이다. 꽃이 지면 아래로 떨어져 썩게 되는데, 그 과정에서 흰가루병 곰팡이나 다른 곰팡이균이 생기며 식물에 손상을 주기 때문이다. 특히 잎 위로 떨어질 때 피해가 더 심하다. 테라리엄 속 오래되고 시든 꽃은 잘라내어 깨끗한 재배 환경을 꾸준히 유지하자.

← 신닌기아 '프렉클'은 미니어처로 키우기 위해 교배된 원예종이다.

드워프 베고니아

베고니아 프리스마토카르파는 모든 베고니아를 통틀어 가장 작기로 유명하다. 하지만 나는 베고니아 완켈코웨니이도 만만치 않은 상대라 생각한다. 베고니아 중 노란 꽃이 피는 몇 안 되는 종인 프리스마토카르파는 은은하게 빛나는 옅은 녹색 솜털이 난 잎을 가지고 있으며, 귀엽고 동그란 모양의 노란색 또는 주황빛 노란색 꽃을 계속해서 잔뜩 피운다. 이 식물은 줄기가 길게 뻗어나가는 착생이나 암생식물로 자라기 때문에 테라리엄이나 오키다리움에서 키우면 자연스러운 모습을 감상할 수 있다. 그리고 밝은 조명의 사무실이나 아파트라면 개방된 테라리엄과 버블볼에 넣어도 된다. 서아프리카의 열대 지방에서 자생하는 식물이며, 처음 발견된 곳은 적도 근처에 위치한 기니의 비오코 섬이다.

크기 이 조그맣고 귀여운 잎의 길이는 1.3~2.5cm이며 전체 길이는 8~10cm밖에 되지 않는다. 반덩굴성 줄기와 포복하는 근경이 사방으로 자라며 클럼프가 퍼진다.

돌보기 프리스마토카르파가 지속적으로 꽃을 피우려면 중간에서 강한 빛이 필요하다. 동쪽 창가를 선택하거나 직광을 피할 조건을 만든 후 남쪽에 두자. 생장등이 달린 선반에서 키우는 것도 좋다. 조명은 30~36cm 정도 떨어진 곳에 설치(또는 테라리엄/아쿠아리움에 생장등 설치)해야 한다. 잎만 잔뜩 나고 꽃이 피지 않는다면 광량이나 노출시간을 늘려주자.

이 식물은 뿌리층이 계속 촉촉한 상태여야 하고 중간에서 높은 습도가 필요하다. 그러나 흙이 과습되면 빠르게 썩거나 녹을 것이다. 물을 줄 때는 잎에 닿지 않게 뿌리층에만 주어야 한다. 단단하지 않은 제스네리아과용 포팅 믹스를 사용해 착생식물로 키우거나 작은 화분에 심는다. 이 식물은 높은 습도를 원해서 개방된 창가 재배 환경을 견디지 못할 수도 있다. 그래서 환기를 할 수 있는 버블볼이나 통기구멍이 있는 클로슈에 두면 다른 곳보다 습도가 높게 유지되어 잘 클 것이다. 매달 희석한 액체 비료의 1/4을 뿌리층에 넣어준다.

식물 종류 · 육상식물, 착생식물, 암생식물	**습도** · 중간~높게 유지	**번식 방법** · 잎꽂이, 잎자루꽂이, 근경꽂이, 종자
난이도 · 중급	**온도** · 시원~따뜻하게 유지, 낮에는 20~27℃, 밤에는 16~17℃	**같은 방식으로 키울 수 있는 종** · 베고니아 피키콜라, 베고니아 루체노라, 베고니아 미크로스페르마, 베고니아 스타우디, 베고니아 비타리폴리아, 베고니아 '버터컵'
적정 광량 · 중간~강한 빛	**비료** · 봄~여름까지 한 달에 한 번씩 희석한 비료의 1/2~1/4 시비	
용토 · 활착용 수태/바크, 제스네리아과용 포팅 믹스	**크기** · 길이 8~10cm	
관수 · 항상 촉촉함 유지, 빗물		

← 베고니아 프리스마토카르파가 아주 작지만 깜찍한 노란색 꽃을 피우며 뽐내고 있다.

드워프 베고니아

유리 용기 안에서 키울 수 있는 사랑스러운 화초류인 이 우아한 초미니 베고니아는 밝고 쾌활한 노란 꽃을 쉴 틈 없이 피우는 녀석이다. 눈물방울 모양의 잎은 밝은 녹색과 짙은 녹색이 적절히 혼합되어 있고, 살짝 뭉툭한 톱니 모양의 잎끝은 붉은색을 띠고 있다. 살짝 바랜 듯한 잎자루는 유난히 길어서 아래로 흘러내리듯 자라는 특징이 있다. 이 식물은 화분에 심어도 되고, 이끼나 나무고사리 조각에 활착시켜 테라리엄이나 오키다리움에서 키울 수도 있다. 심지어 주변에 이끼만 충분하면 암생식물로 자라기도 한다. 외양은 베고니아 프리스마토카르파를 닮았지만 크기가 더 작다. 완켈코웨니이는 서아프리카의 콩고민주공화국 열대 지역에서 자생한다.

크기 베고니아 중 가장 작은 축에 속해서 잎의 크기가 2.5~5cm밖에 되지 않는다. 키우는 방식에 따라 클럼프는 18cm까지 자랄 수 있지만 보통 아래로 흘러내리듯이 자란다. 2.5~8cm 크기 화분에 심으면 된다.

돌보기 북쪽이나 동쪽 창가 또는 저광도 생장등의 약한 빛부터 중간 정도 빛이 비치는 곳에서 잘 자란다. 생장등을 사용한다면 46~61cm 정도 떨어진 곳에 베고니아를 놓고 직광이 너무 오래 비치지 않도록 해야 한다. 식물이 꽃을 피우지 않으면 광량이나 노출시간을 늘려주자. 강한 빛을 받으면 더 작은 상태를 유지한다.

완켈코웨니이는 습도가 높고 뿌리층 수분이 일정하게 유지되는 환경에서 키워야 한다. 그렇지만 잎에 물이 닿는 것을 좋아하지 않아서 분무만 하거나 뿌리에만 주어야 한다. 잘게 자른 수태에서 가장 잘 자라지만, 배수가 잘되는 단단하지 않은 제스네리아과용 포팅 믹스도 괜찮다. 아니면 테라리엄이나 비바리움에 활착시켜 키워도 된다. 착생식물로 자라면 폭포수가 쏟아지는 듯한 형태로 사랑스럽게 뻗어나갈 것이다. 그리고 근경이 자라면서 클럼프를 형성하며 퍼져나간다. 비료는 매달 희석한 액체 비료를 1/4 정도 뿌리층에 주면 계속 꽃을 피울 것이다.

식물 종류 · 육상식물, 착생식물, 암생식물	**관수** · 항상 촉촉함 꾸준히 유지, 빗물	**크기** · 잎 2.5~4cm, 꽃 5~8cm
난이도 · 중급	**습도** · 중간~높게 유지	**번식 방법** · 잎꽂이, 잎자루꽂이, 근경꽂이, 종자
적정 광량 · 중간 세기의 빛, 음지에서 반음지	**온도** · 시원하게 유지, 낮에는 21~27℃, 밤에는 16~17℃	**같은 방식으로 키울 수 있는 종** · 베고니아 프리스마토카르파, 베고니아 피키콜라, 베고니아 루체노라, 트리올레나 필레오이데스, 비오피툼 소우쿠피
용토 · 활착용 수태/바크, 제스네리아과용 포팅 믹스	**비료** · 봄~여름까지 한 달에 한 번씩 희석한 비료의 1/2~1/4 시비	

← 나는 에스프레소용 데미타스 잔에 이끼를 잘게 잘라 넣은 후 완켈코웨니이를 활착시킨다. 그리고 여기에 클로슈만 덮어놓으면 이 어린 녀석은 곧 작은 컵을 가득 채울 것이다.

고드름난초

초미니 스텔리스 오나타의 꽃은 진정 아름답다. 보랏빛 반점이 매력적인 꽃잎이 펼쳐지면 그 끝에는 투명한 눈물방울 모양의 부속 기관이 흡사 고드름이 매달려 있는 것처럼 달려 있다. 그러니 작은 파리 같은 꽃가루 매개자가 어찌 유혹에서 벗어날 수 있을까. 나는 5cm 잎에서 꽃망울이 머리를 빼꼼히 내밀기 시작하면 기쁨을 주체하지 못하고 폴짝폴짝 뛰곤 한다. 이 종은 1년 내내 산발적으로 꽃을 피운다. 스텔리스속(많은 종이 과거에는 플레우로탈리스에 속해 있었다) 착생 난초이며 원산지는 멕시코, 과테말라, 엘살바도르의 시원한 지역이다. 현재 스텔리스에 속한다고 알려진 것만 500여 종이며, 플레우로탈리스에 속하는 수천 종이 당신이 발견해주길 기다리고 있다.

크기 잎은 2.5~4cm이며 꽃은 5~8cm다. 잎과 뿌리는 자라면서 5~8cm 크기의 클럼프를 만든다.

돌보기 플레우로탈리스(또는 리치난초라 부르기도 한다)에 속하는 많은 초미니 난초가 난초 초보자에게 잘 어울리는 편이다. 중간 정도의 빛을 가장 좋아하지만, 야외 음지를 흉내 낸 약한 빛도 견딜 수 있다. 직사광선만 아니라면 더 강한 빛도 괜찮다.

이 작은 녀석들을 클로슈, 유리 보관 용기, 오키다리움, 테라리엄에서 키워보자. 공기 순환이 중요한 식물이라 보통 환기 장치나 분리가 되는 덮개가 있는 유리 용기를 추천한다. 토양 표면 또는 뿌리에 빗물이나 정수된 물을 일주일에 몇 번 주면 된다. 물을 주기 전에는 흙이 말라 있는지 확인해야 한다. 하루에 한두 번 뿌리에 분무를 할 수 있다면 창가에서 키워보는 것도 좋다. 이 식물은 시원한 기온을 좋아한다.

식물 종류 · 착생식물	**습도** · 중간으로 유지	**번식 방법** · 포기 나누기
난이도 · 중급~고급	**온도** · 시원하게 유지, 낮에는 20~27℃, 밤에는 16~17℃	**같은 방식으로 키울 수 있는 종** · 스텔리스, 플레우로탈리스 그로비이(147쪽에서 추천하는 더 많은 초미니 난초를 만나보자)
적정 광량 · 중간 세기의 빛	**비료** · 봄~여름까지 한 달에 한 번씩 희석한 비료의 1/2~1/4 시비	
용토 · 활착용 수태/바크		
관수 · 자주 물 주기, 빗물, 물 주기 전 건조함 유지	**크기** · 잎 2.5~4cm, 꽃 5~8cm	

←나는 오나타를 이끼가 낀 작은 바크 조각에 활착시켜 키우는데, 그러면 이 녀석은 고맙게도 매혹적인 꽃으로 보답한다.

↑ 드라큘라난초가 자신의 조그만 꽃을 한껏 뽐내고 있다.

← 보통 아름다운 잎을 보기 위해 키우는 애기장화난초의 탐스러운 꽃망울에서 꽃이 막 나오려고 한다. 시원한 곳에서 잘 자라는 식물이다.

오나타와 비슷하게 키울 수 있는 초미니 난초는 많다. 물론 종마다 조건은 살짝 다르겠지만 전반적으로 유리 용기 안에서 키우면 된다. 대부분 매일(또는 하루에 두 번) 분무해주거나 근처에 가습기를 설치해 추가적인 수분 공급을 해주면 개방된 창가 재배 환경에서도 잘 자란다. 그렇지만 종마다 특별한 사항이 있는지 미리 확인해보는 게 좋다. 다른 식물과 함께 둘 때는 비슷한 환경에서 크는 종을 선택하도록 하자. 다양한 방식으로 실험을 해보며 키우는 즐거움을 느껴보자!

시도해보기 좋은 몇 가지 초미니 난초
에란기스, 앙그레컴, 바보셀라 오르비쿨라리스, 벌보필럼, 카틀레야, 덴드로븀, 드라큘라, 드리아델라 푸시올라, 드리아델라 제브리나, 엘리시나 푸실라, 애기장화난초, 렙토테스, 마스데발리아 부쿨렌타, 마스데발리아, 플레우로탈리스, 소엽풍란, 오니소세팔러스, 플라티스텔레, 프로메나에아, 소프로니티스, 스펙클리니아, 스텔리스, 트룸니아

← 나의 오나타가 유리 보관 용기에서 자라고 있다. 며칠에 한 번씩 덮개를 열어 공기를 순환시킨다.

초미니 신닌기아

나는 꽃을 피우는 초미니 제스네리아과 중에서도 신닌기아 푸실라가 단연 여왕의 자리를 차지하고 있지 않을까 생각한다. 이 식물이 탐나는 데는 크기에 비해 거대한 꽃도 한몫한다. 하지만 커다란 꽃을 지탱하기에는 몸이 너무 작아 보인다! 핀 머리만 한 통통한 덩이줄기에서 나온 달걀 모양 올리브그린 잎에는 적갈색 잎맥이 있다. 잎은 로제트 모양으로 자란다. 풍성한 라벤더색 통상화가 2.5cm 길이의 철사처럼 가는 줄기에 붙어 자라며, 꽃 입구는 크림색과 노란색이 적절히 섞여 있다. 푸실라는 1년 내내 자유롭게 꽃을 피운다. 신닌기아의 세 가지 초미니 종(콘신나, 뮤지콜라, 미니마)처럼 푸실라도 이종교배 종이며 브라질의 리우데자네이루가 원산지다.

크기 신닌기아 푸실라는 2.5cm 이상 자라지 않는다. 그래서 성체가 되어도 골무 크기의 용기에서 잘 자라며 꽃도 피운다. 너비가 5cm 이상인 용기는 사용할 필요가 없다. 미니 종으로 교배된 신닌기아는 이보다 좀 더 커서 5~10cm 정도 된다.

돌보기 이 식물은 약한 빛부터 중간 빛의 간접광에서 아주 잘 자란다. 그래서 북쪽 창가나 저광도 생장등에서 키우는 게 가장 이상적이다. 조명이 설치된 선반에서 키운다면 직광을 피해 가장자리에 두어야 한다. 식물이 꽃을 피우지 않으면 광량이나 노출시간을 늘려주자.

뿌리층은 빗물이나 정수된 물을 공급해 지속적으로 촉촉한 상태가 유지되어야 한다. 푸실라나 다른 초미니 종, 교배종을 화분에 심은 후 유리 용기, 와디언 케이스, 클로슈에 넣어두면 습도가 높아지고 흙의 수분도 날아가지 않을 것이다. 배수만 잘된다면 밀폐된 테라리엄이나 팔루다리움에 직접 심어도 된다. '더 큰' 미니어처 종과 교배종은 좀 더 통풍이 잘되어야 하므로 통기구멍이 있는 클로슈로 덮어두거나, 분무를 할 수 있도록 개방형 테라리엄에서 키우는 게 가장 좋다. 푸실라는 아주 작고 성긴 뿌리 체계를 가지고 있어서 시든 꽃을 떼어낼 때도 세심한 주의가 필요하다. 잎이 갑자기 떨어진다면 짧은 휴면 기간이 필요하다는 의미일 수도 있다. 새잎이 날 때까지 몇 주간은 물의 양을 줄여야 한다.

식물 종류 · 육상식물	**관수 ·** 자주 물 주기, 빗물 또는 정수된 물, 항상 촉촉함 유지	**크기 ·** 길이와 너비 2.5cm
난이도 · 중급~고급		**번식 방법 ·** 종자, 줄기꽂이, 덩이줄기 나누기
적정 광량 · 약한~중간 세기의 빛	**습도 ·** 중간~높게 유지	
	온도 · 따뜻하게 유지, 20~27℃	**같은 방식으로 키울 수 있는 종 ·** 디아스테마, 에피스시아, 신닌기아 콘신나, 신닌기아 미니마, 신닌기아 뮤지콜라, 신닌기아 힐수타
용토 · 흙이 포함되지 않은 제스네리아과용 믹스 또는 수태	**비료 ·** 1년에 여섯 번, 희석한 비료의 1/4 시비(화상을 쉽게 입을 수 있다)	

← 왼쪽 상단: 나는 이 초미니 푸실라 '이타오카'들을 4cm 세라믹 화분에 심어 유리병이나 클로슈에 넣어둔다. 그러면 안에서 예쁜 꽃이 피어난다.
오른쪽 상단: 클럼프 형식으로 난 신닌기아 '마이티 마우스'가 보통 크기의 달걀껍데기 화분에서 자라고 있다.
왼쪽 하단: 이 신닌기아 '프렉클'처럼 나는 대부분의 신닌기아와 다른 고습도 식물을 유리병에 넣어 습도를 높여준다.
오른쪽 하단: 장식을 위해 신닌기아 몇 개를 유리 용기에서 꺼내두었다. 위에서부터 시계방향으로: 더 큰 미니어처 교배종 신닌기아 × '플레어', 신닌기아 × '파우더퍼프', 신닌기아 × '프렉클', 신닌기아 × 'HCY의 타우루스', 그리고 초미니 종인 신닌기아 푸실라 '이타오카'와 신닌기아 푸실라다.

수생식물과 반수생식물

물속에서 키울 수 있는 수생식물로 판매되는 초미니 식물이 몇 가지 있다. 레카와 물을 담은 용기에서 부상형 식물로 키워도 되고 리파리움, 팔루다리움, 테라리엄에 넣고 높은 습도를 유지한 채 착생식물로 키울 수도 있다. 이번 장에서는 예전에 몰랐던 초미니 천남성과 식물을 새롭게 발견할지도 모른다.

여러 초미니 종 중에서도 내가 정말 좋아하는 반수생식물과 수생식물을 몇 가지 소개할 예정이다. 이 녀석들을 수중형, 수면형, 부상형, 착생형 중에 마음에 드는 형태로 키워보자. 꾸준히 습도를 유지해야 하는 종이 많아서 밀폐용기가 가장 좋다. 특히 착생식물로 키운다면 말이다. 그러나 물속에서 자라거나, 물 위에 떠 있거나, 물 위로 고개를 내밀고 자라는 종은 통기구멍이 있는 유리 용기나 덮개가 없는 수조에서도 잘 자란다. 단 수위는 적절히 잘 조절해주어야 한다.

← 버블볼의 돌 위에는 콩나라들이 자라고 있으며 그 옆에는 리시아 플루이탄스도 함께 있다.

드워프 아누비아스

작고 사랑스러운 콩나나는 필로덴드론의 친척 종이며 주로 아쿠아리움에서 키우는 종으로 팔리지만 다른 방식으로도 클 수 있다. 키우기 어렵지 않은 천남성과 식물이다. 콩나나는 짙은 에메랄드색을 띠고 클럼프가 빽빽하게 형성되는 종류다. 성체가 되면 1.3~5cm 크기 잎자루에서 작고 깜찍한 흰색 꽃이 피어난다. 사실 모습을 보면 스파티필름 초미니 버전 같다. 특히 꽃을 피우면 말이다. 이런 작은 크기에 정교함까지 갖추다니 놀라울 뿐이다. 콩나나는 서아프리카의 카메룬이 원산지이며 주로 강, 시내, 습지에서 자란다.

크기 콩나나라는 이름처럼 정말 콩만큼 작아서 다 자라도 2.5cm밖에 되지 않는다. 초미니 잎의 크기는 1.5cm이고 작은 근경에 붙어서 난다. 성장 속도가 느리긴 하지만 시간이 어느 정도 지나면 당신의 테라리엄에 조그만 녹색 클럼프 '카펫'이 깔릴 것이다.

돌보기 이 식물은 약한 빛이나 그늘이 있는 조건에서 아주 잘 자란다. 만약 잎이 바래거나 흰색으로 변하기 시작하면 너무 많은 직광을 받았다는 의미다. 북쪽이나 동쪽 창가, 저광도 생장등을 선택하자. 식물이 자라지 않으면 광량을 아주 살짝 늘려주면 된다.

　이 식물은 밝은 조명이 켜진 아쿠아리움의 물속에서도 자라지만 보통 근경과 잎이 물 표면 바로 위로 올라와 있는 것을 더 좋아한다. 그릇이나 컵에 레카, 자갈, 부순 유리를 넣고 심어보자. 물이 너무 빨리 증발한다 싶으면 클로슈로 용기를 덮어두면 된다. 아니면 돌, 유목, 바크에 식물을 활착시켜 유리 보관 용기나 테라리엄 안에 두어도 된다. 테라리엄에 심고 싶다면 옆으로 자라는 근경이 썩지 않도록 영양토나 이끼 아래에 넣지 말자. 희석한 액체 비료를 한 번씩 용토에 붓거나 분무해준다.

식물 종류 · 수생식물, 착생식물, 반착생식물

난이도 · 초급~중급

적정 광량 · 약한 빛, 음지

배지 · 떠 있거나 잠긴 형태, 레카, 활착용 이끼, 바크, 아쿠아리움용 흙

관수 · 항상 촉촉함 유지, 빗물 또는 정수된 물

습도 · 중간~높게 유지

온도 · 시원~따뜻하게 유지, 20~28℃

비료 · 1년에 여섯 번, 희석한 비료의 1/2~1/4 시비

크기 · 길이 5cm

번식 방법 · 근경꽂이

같은 방식으로 키울 수 있는 종 · 아누비아스 나나 '프티 화이트', '골든', '틱 리프', 부세파란드라, 크립토코리네 팔바

← 이 콩나나는 자갈과 빗물이 담긴 작은 양주잔에서 자라고 있다. **사진 속 사진**: 이 녀석은 레카와 물을 넣은 찻잔에서 키워도 될 만큼 작다.

볼비티스 베이비리프, 미니 아프리칸 워터펀

당신이 손에 넣을 수 있는 가장 작고 귀여운 양치식물 중의 하나인 이 미니 볼비티스는 양친 종보다도 훨씬 작다. 깃털처럼 생긴 작은 엽상체는 사이사이가 깊게 갈라져 있으며, 짙은 에메랄드색이 꽤 기품 있어 보인다. 미니 볼비티스는 에티오피아에서 세네갈에 이르는 서아프리카 열대 지역과 남아프리카공화국 북부 지역에서 서식하고 있고, 보통 물살이 센 물가에서 바위와 유목에 몸을 단단히 고정한 채 자란다.

크기 미니 볼비티스의 엽상체는 길이가 5~10cm이고, 클럼프의 너비는 5~8cm 정도다. 일반적인 표준 종은 15~40cm 정도 자란다.

돌보기 이 식물은 북쪽이나 동쪽 창가처럼 약한 빛에서 중간 빛 세기 환경에서 잘 자란다. 또한 저광도 생장등이나 아쿠아리움의 조명에서도 잘 자라지만 조명에 너무 가까이 두면 안 된다는 사실을 알아두자.

화분에 심어 육상 종으로 키울 수도 있지만 근경을 흙 속에 넣으면 썩는다. 또한 밝은 생장등을 설치한다면 물속에 넣어도 되고 팔루다리움이나 리파리움을 꾸밀 때 넣어도 된다. 콩나나처럼 이 식물도 잎과 근경을 물 위에 있도록 하고 뿌리가 물 바로 위나 물에 살짝 닿게 해서 기르면 더 잘 자란다. 만약 뚜껑이 없는 용기에서 물 위로 올라오게 하고 싶다면 레카나 수중 재배 바스켓(나는 메이슨자에 이렇게 해놓는다)을 바닥에 깔고 이 식물을 올려두면 된다. 그리고 정기적으로 분무해주자. 유목 조각에 활착시켜 습도가 높은 테라리움, 유리 보관 용기, 팔루다리움에서 키울 수도 있다. 미니 볼비티스는 성장 속도가 느리고 비료가 거의 필요하지 않지만 주고 싶다면 1년에 몇 번 희석한 액체 비료를 넣어준다.

식물 종류 · 수생식물, 착생식물, 반착생식물	**관수** · 항상 촉촉함 유지, 빗물 또는 정수된 물	**크기** · 길이 5~10cm
난이도 · 초급~중급	**습도** · 중간~높게 유지	**번식 방법** · 근경꽂이, 포기 나누기
적정 광량 · 약한~중간 세기의 빛	**온도** · 시원~따뜻하게 유지, 18~26℃	**같은 방식으로 키울 수 있는 종** · 미크로소룸 프테로푸스, 트리초마네스 자바니쿰
배지 · 물과 레카, 테라리움 믹스, 돌, 바크, 양분이 풍부한 테라리움 포팅 믹스	**비료** · 불필요, 주고 싶다면 1년에 서너 번씩 희석한 비료의 1/4 시비	

← 미니 볼비티스가 물과 레카를 담은 작은 유리병에서 몸을 밖으로 내밀고 있다. **사진 속 사진:** 미니 볼비티스를 유목에 활착시켜 빗물이 담긴 유리 보관 용기에서도 키울 수 있다.

부상형 물긴가지이끼

우산이끼목을 한번 키워보고 싶다면 소개해주고 싶은 녀석이 있다! 바로 리시아 플루이탄스다. 부상형 물긴가 지이끼라고도 부르는 이 식물은 키우기가 아주 쉽고 빨리 자란다. 다양한 방식으로 키우면서 재미도 느낄 수 있는 친숙한 식물이다. 게다가 모양도 얼마나 예쁜지 모른다. 이 밝은 초록빛을 띤 선태식물은 손가락이 길게 늘어지는 모양 또는 실처럼 자란다.

리시아 플루이탄스는 아시아, 아프리카, 아메리카 지역에 넓게 분포되어 있고, 연못이나 수류가 없는 개울물 위에서 서식한다.

크기 플루이탄스는 일반적으로 2.5cm 크기의 실 모양으로 자란다. 하지만 성장 속도가 빨라 금세 커다란 클럼프를 형성하며 퍼져나간다. 그러므로 가지치기(트리밍)를 해도 되고, 손가락으로 적당히 뜯어내 크기를 일정하게 조절하거나 여러 부분으로 나누어놓으면 된다.

돌보기 이 식물은 다양한 빛 조건에서 자란다. 아쿠아리움이나 유리로 된 용기에 물을 담고 그 위에 띄워놓으면 약한 불빛이나 그늘진 곳이라도 상관없다. 빛이 너무 강하면 잎이 옅은 황록색으로 변한다. 만약 아쿠아리움이나 리파리움 물속에 넣고 암석이나 다른 물체로 고정해놓는다면 빛의 세기는 중간에서 높은 수준으로 올려야 한다. 빛을 충분히 받지 않으면 갈색으로 변한다.

플루이탄스는 배지가 없어도 항상 물과 접촉해 있는 환경이면 자라는 데 문제가 없다. 찻잔, 그릇, 화병에 물을 담아 띄워놓거나 팔루다리움 또는 리파리움에 넣어두자. 아니면 암석, 유목, 테라코타 같은 물을 머금는 용기 표면에도 잘 붙어 있다. 나는 초소형 난초와 이끼를 키우는 토분의 덮개 용도로 이 식물을 쓰기도 한다. 희석한 천연 비료를 한 달에 한 번씩 소량 넣어주기만 하면 된다. 이런 종류의 식물은 독특하게 뿌리가 아닌 잎과 줄기로 영양분을 흡수한다.

식물 종류 · 수생식물, 민물식물	**관수 ·** 항상 촉촉함 유지, 빗물 또는 정수된 물	**크기 ·** 2.5cm
난이도 · 초급	**습도 ·** 중간~높게 유지	**번식 방법 ·** 클럼프 나누기
적정 광량 · 약한~중간 세기의 빛, 음지	**온도 ·** 시원~따뜻하게 유지, 15~30℃	**같은 방식으로 키울 수 있는 종 ·** 바나나 플랜트, 필란투스 플루이탄스, 살바니아 쿠쿠라타, 생이가래, 자바모스
배지 · 빗물이나 정수된 물용, 표면에 기공이 있어서 촉촉함이 꾸준하게 유지되는 제품	**비료 ·** 한 달에 한 번씩 희석한 비료의 1/4 시비	

← 작은 유리 조각과 빗물을 찻잔에 가득 담고 그 위에 귀여운 플루이탄스 한 묶음을 올려보자. 그리고 물 표면 위로 떠 있는 모습을 잠시 감상해보자.
사진 속 사진: 나는 다양한 유리 용기에 플루이탄스를 자주 띄워놓는다. 거기에 이런 부처손속처럼 물을 매우 좋아하는 식물을 함께 심어둔다.

스포트리스 워터밀

나는 가장 작은 식물을 일부러 마지막까지 남겨두었다. 좀개구리밥이나 개구리밥으로도 잘 알려져 있으며, 분개구리밥속 식물이다. 그리고 이 녀석은 지구상에서 꽃을 피우는 관다발 식물 중에서 가장 작은 종으로 알려져 있다! 그래서 여기에 핀 꽃을 보려면 현미경이 필요할 정도다. 보통 실내식물로 흔히 키우는 종은 아니지만, 이 놀라운 식물을 포함하지 않고는 지나칠 수 없었다. 작은 유리 용기나 아쿠아리움, 팔루다리움, 리파리움에 분개구리밥을 띄워놓자. 이 식물만 키워도 되고 다른 수생식물 또는 반수생식물과 함께 키워도 된다. 분개구리밥은 원예에서도 미니멀을 추구하기에 좋은 식물이면서 단백질을 풍부히 함유한 식용 식물이기도 하다. 현재 열대 지방에서 시베리아까지, 세계 곳곳에서 자란다는 사실이 확인되었다.

크기 분개구리밥은 전체 길이가 0.4~1.3mm이고 너비 0.2~1mm인 조그만 타원형 구조를 가지고 있다. 그중에서도 글로보사란 종은 아주 살짝 더 작으며, 모든 화초류 중에서 가장 작다고 알려져 있다.

돌보기 이 식물은 돌보기 정말 쉬울 수 있지만, 오히려 너무 힘들어 좌절감이 들 수도 있다. 어쩌면 제대로 키우기 전까지 실패를 몇 번 경험할 수도 있다. 잔잔한 물에 분개구리밥을 띄워놓고 중간에서 강한 빛에 노출시키거나 햇빛이 잘 들어오는 장소에 두어야 한다. 물통이나 개방형 유리 용기, 아쿠아리움에 새 빗물을 가득 담은 후 넣어보자. 그리고 남쪽 창가에 두거나 발코니, 고광도 LED 아래에 두면 된다. 이 식물은 시원한 온도를 더 좋아해서 생장등에 너무 가까이 두지 않도록 해야 한다. 만약 뚜껑이 있는 용기를 사용한다면 정기적으로 환기해야 한다.

분개구리밥은 다른 수생식물과 정말 잘 어울리는 녀석이기도 하다. 하지만 수질이 최상의 상태가 아니라면 바닥으로 가라앉아 휴면기에 접어들 수도 있다. 비료는 필요하지 않지만 원한다면 희석한 천연 액체 비료를 넣어주자.

식물 종류 · 수생식물, 민물식물

난이도 · 중급~고급

적정 광량 · 중간~강한 세기의 빛

관수 · 항상 촉촉함 유지, 빗물 또는 정수된 물(중성에서 알칼리성)

습도 · 중간~높게 유지, 팔루다리움/아쿠아리움/리파리움/방수 유리 용기 이용

온도 · 시원~따뜻하게 유지, 15~30℃

비료 · 불필요

크기 · 0.2~1.3mm

번식 방법 · 영양생식, 새 용기에 클럼프 나누기

같은 방식으로 키울 수 있는 종 · 분개구리밥속, 렘나, 스피로델라, 란돌티아, 울피엘라

절대 수생식물을 야외나 연못, 동네 수로에 두면 안 된다. 이 녀석들은 당신이 사는 곳에서는 외래종일 수도 있고 침입종이 될 수도 있다. 침입종이라면 지역 생태계에 피해를 줄 것이다.

← 분개구리밥이 아주 작은 유리 용기에 떠서 자라고 있다. 식용(당신의 아쿠아리움에 사는 녀석들도 정말 좋아할 것이다!)으로도 재배가 가능한 식물이다.

5

초미니 식물 진열하기

실내 정원과 집 안을 꾸밀 때 초미니 식물을 이용하면 인테리어와 창의성의 범위는 월등히 넓어질 것이다. 갖고 싶은 초미니 식물을 어느 정도 구했다면 이제 이 녀석들을 여기저기 배치해보면서 특별한 공간을 만들어보는 재미를 느껴보자. 초미니 식물을 올려둔 공간은 곧 하나의 예술 작품이 되어 당신의 생활에 활력을 불어넣어 줄 것이다. 큰 식물은 들어가지 않는 작은 공간에도 넣어보고 집에 있는 다양한 식물군과도 배치해보며 마음 껏 실력을 발휘해보자.

나는 식물뿐만 아니라 빈티지한 유리 용기나 접시를 모으고, 심지어는 야생에서도 독특한 것들을 가져오 곤 한다. 그리고 이런 기발한 수집품과 초미니 식물을 조합해보는 일은 언제나 거부할 수 없는 매력으로 다가 온다. 큰 가구를 제외하고 우리 집에서 오랫동안 한자리를 고수하는 것은 전혀 없다. 나는 항상 다양한 종류의 생활 잡화를 여기저기 옮겨 배치해보며 흥미로운 그림을 만들어본다.

초미니 식물을 위해 기발한 재배 용기를 생각해내는 일 또한 실내 정원의 스타일을 한 단계 발전시키는 계기 가 되기도 한다. 전통적인 모양의 테라코타 용기나 대량 생산된 세라믹 화분도 분명 이들만의 뚜렷한 스타일과 기능성을 갖추고 있지만 나는 개인 아티스트가 만든 색다른 수제 도기를 사는 것을 선호하는 편이다. 사실 때 로는 초미니 식물이 예술적인 도기를 모을 수 있는 좋은 명목이 되기도 한다.

빈티지 유리 제품, 주방 용기, 독특한 모양의 용기 등을 재사용해 초미니 식물을 담으면 비용도 아끼면서 개 성을 마음껏 표현할 수 있다.

↑ 유니크한 수제 화분은 당신의 초미니 식물을 위한 완벽한 공간이 된다.

→ 여러 초미니 식물을 탁자 위에 두면 아름다운 미니 정원이 완성된다. 당신이 우리 집에서 식사를 한다면 식탁 위의 초미니 식물 친구들과 공간을 공유할 준비를 해야 한다.

↑ 나는 재미있는 모양의 빈티지 유리 용기에 초미니 식물을 넣고 진열하는 것을 정말 좋아한다. 하지만 이 버섯 모양 보관 용기는 너무 작아서 다루기가 좀 힘들긴 하다!

테라리엄이나 큰 용기에서 여러 초미니 식물을 함께 넣고 키워도 되지만, 개별로 심어서 장소를 바꿔가며 매력적인 모임을 만들어보는 건 어떨까? 고습도 식물을 하나씩 작은 유리 용기에 넣으면 이동이 가능한 와디언 케이스가 완성된다. 그렇게 하면 예쁘게 피어난 꽃이나 독특한 종을 혼자서 또는 집을 방문한 손님들과 함께 즐길 수 있을 것이다.

초미니 식물을 여기저기 옮기며 장식할 때 빛이 잘 들어오지 않거나 습도가 충분하지 않은 곳에는 오래 두지 않도록 해야 한다. 평소 생장등이 설치된 어두운 공간에서 자라던 식물을 좀 더 눈에 띄는 곳에 두고 싶다면 며칠 정도는 괜찮지만 그 후에는 다시 있던 자리로 되돌려놓자.

초미니 식물을 배치할 때는 길이와 부피 등도 고려해야 하며, 어떤 장식대를 고를지도 생각해봐야 한다. 종류는 정말 다양하다. 보통 분재나 작은 장식품을 놓는 데 쓰이는 제품, 계단 화분 받침대 등이 쓰인다. 그렇지만 집 안에도 재사용하면 특별한 식물을 돋보이게 해줄 물건이 많을 테니 한번 둘러보자. 커피잔이나 물컵 받침, 뒤집은 유리잔, 기존 화분, 메이슨자 등 찾아보면 정말 다양하고 모두가 매력적이다. 책을 쌓아두거나 아크릴 박스 안을 비워서 쓰면 완벽한 계단식 화분 받침대가 될 수도 있고, 주방에 있는 나눔 접시도 흥미로운 식물 받침대가 될 수 있다. 당신이 선택할 수 있는 용기는 무궁무진하다.

식물을 심은 가구는 어떤가? 요즘에는 테라리엄 커피 탁자나 간이 탁자처럼 식물을 심을 수 있는 가구도 여럿 찾아볼 수 있다. 이런 가구 자체가 식물을 심을 수 있는 유리 용기나 개방형 용기가 될 것이다.

테라리엄 가구를 놓기로 했다면 가장 먼저 고려해야 할 부분은 놓을 장소의 빛 세기다. 커피 탁자나 간이 탁자를 거실 중앙에 놓는다면 거실에 창문이 몇 개 있는지, 가구가 창문에서 얼마나 떨어져 있는지에 차이는 있겠지만 아마도 안에 있는 식물은 약한 빛이나 아주 약한 빛만 받게 될 것이다.

한곳에 계속 둘 예정이라면 적당한 빛이 들어오는 곳에 두거나 생장등을 설치해 빛을 보충해준다. 만약 (생장등이 없는) 방 중앙에 둔다면 약한 빛이나 매우 약한 빛만 받고도 잘 자라는 식물을 선택해야 한다. 그리고 밝은 빛이 들어오는 남쪽 창가에 두거나 생장등을 비출 수 있는 곳이라면 중간에서 강한 빛을 사랑하는 식물을 생각해볼 수 있다.

이 책이 모든 조건을 충족시켜주지는 못하겠지만 적어도 작은 장식품, 돌, 조개껍데기나 다른 수집품과 함께 꾸밀 초미니 식물을 소개해줄 수는 있다. 아니면 유리 용기나 테라리엄에 넣어볼 수도 있을 것이다. 사실 식물의 환경 조건만 맞춰준다면 정해진 규칙은 없으니 자신만의 스타일을 창조하며 그 과정을 즐겨보자.

↑ 내가 가진 멋진 수제 와디언 케이스 중 하나다. 화분에서 꽃을 피운 신닌기아와 아프리칸바이올렛을 유리 용기에 넣어 전시해두었다.

↖ 나의 초미니 양치식물이다. 이 아이들을 다양한 종류의 유리병 속에 두었더니 식탁의 중심을 차지하는 사랑스러운 센터피스가 되었다.

↑ 책장 선반에 다른 수집품과 함께 초미니 식물을 배치해 꾸며보자. 그러나 식물이 스트레스를 받는다는 표시를 내기 전에 가장 이상적인 빛 조건이 있는 곳으로 다시 되돌려놓아야 한다. 또는 선반 위에 저광도 LED 생장등을 설치해도 된다.

↑ 유리 덮개가 있는 간이 탁자. 식물을 심을 수 있도록 물 빠짐 밸브가 설치되어 있다. 이 안에는 다양한 종류의 작은 다육이들이 가득 자라고 있다. 직접 식재하는 방식 외에 화분에 심어서 넣어두어도 된다. 화분이 거슬리면 돌이나 부순 유리 조각으로 가려주면 된다.

→ 식물이 식재된 탁자 등을 자연광이 충분히 비치는 곳에 두거나 근처에 생장등을 설치해주자.

↑ 나는 리빙스톤과 리톱스 몇 개를 가끔 작은 서랍장 위에 며칠간 장식했다가 생장등이 있는 곳에 다시 돌려놓는다.

← 아주 조그마한 황동 트리하우스와 사다리는 초미니 식물의 동료가 되기에 무척이나 사랑스럽다.

맞은편: 내게 평온함을 주는 이 작은 정원은 스트레스를 완화하는 역할을 하면서 동시에 초미니 식물에게도 완벽한 장소가 되어준다.

맺음말

나는 당신이 이 책을 통해 흥미로운 초미니 식물을 새롭게 발견했고, 긴 수집 목록을 만들고 싶은 열정이 샘솟 았기를 바란다. 아주 협소한 공간에 말이다!

초미니 식물종의 세상에 발을 들이면 원하는 식물을 얻는 일이 일반적인 식물보다 어렵다는 사실을 깨닫게 된다. 보통 화원에서는 보다 큰 열대 실내식물을 많이 취급하기 때문에 초미니 식물을 구하려면 시간과 노력이 더 필요하다. 또한 패션 시장처럼 식물의 인기 역시 뜨겁게 달궈졌다 식었다 하는 패턴을 보이기 때문에 한때 는 넘치던 공급량이 지금은 확연히 줄어들거나 제한되기도 한다. 그리고 그 반대인 경우도 있다. 나 역시도 아 직 발견을 못했거나 구매하지 못한 초미니 식물이 아직 많다. 사실 색다른 종을 찾아 나서는 일 자체도 내게는 매우 소중한 과정이다. 그리고 미래에는 다시 초미니 종의 인기가 높아질 것이라 믿는다.

당신도 자신만의 초미니 식물 찾기 여정을 시작했다면 곧 집과 마음을 가득 채워줄 멋진 녀석들을 찾을 수 있을 것이다.

lesliehalleck.com을 방문하면 Plantgeek Chic 블로그와 더 많은 원예 관련 정보를 볼 수 있다.

인스타그램과 트위터: @lesliehalleck
페이스북: facebook.com/HalleckHorticultural
페이스북 그룹: Plant Parenting and Gardening Under Lights
핀터레스트: pinterest.com/lesliehalleck
유튜브: Leslie Halleck
링크드인: linkedin.com/in/lesliehalleck

빛 측정하기

전문 원예가로서 나는 광합성에 필요한 빛(PAR 또는 광합성 유효방사)의 수치(PPF 또는 광합성 광량자속)를 정확하게 측정하기 위해 광량 측정기를 사용한다. 여기에는 자연광과 인공광이 모두 포함된다. PAR은 1초간 나오는 빛의 양이기 때문에 이 수치를 우리가 흔히 식물의 일광적분(DLI)이라 부르는 형태로 변환시킨다. DLI는 하루 동안 광합성에 쓸 수 있는 빛의 총량이라 식물에게 필요한 광량과 인공조명으로 어느 정도의 광량을 제공해야 하는지 알 수 있어서 매우 유용하다. PAR의 단위는 $\mu mol/m^2/s$[룩스(제곱미터당 루멘)나 풋캔들이 아닌]를 쓰고, DLI는 $mol/m^2/d$를 쓴다.

자연광의 양은 날마다, 계절마다 다르지만 여름의 화창한 정오에 내리쬐는 PAR 수치는 대략 $2,000\mu mol/m^2/s$ 정도라 생각하면 된다. 그리고 이를 DLI로 변환하면 약 $65mol/m^2/d$가 된다. 반대로 겨울날 흐린 정오의 PAR 수치는 $50\mu mol/m^2/s$이며 DLI는 $1mol/m^2/d$가 된다.

혹시 주변의 빛을 측정해 룩스(조명이 밝은 정도를 말하는 조명도에 대한 실용 단위-옮긴이)나 풋캔들(빛의 강도를 나타내는 단위-옮긴이)로 나타내는 조도계 또는 스마트폰 앱을 써보라는 이야기를 들어보지는 않았는가? 광량에 너무 깐깐하지 않아 단순히 주변이 밝은지 아닌지 정도만 알고 싶다면 이런 장치를 이용하는 것도 괜찮다. 조도계는 보통 자신의 공간이 얼마나 어두운지를 알려주기 때문에 유용하게 쓰일 수도 있다. 하지만 룩스(루멘)와 풋캔들로 나타내는 단위로는 식물이 광합성에 필요한 빛의 질이나 양을 정확히 알 수 없다. 이런 기계는 인간의 눈으로 볼 때 일반적인 밝기만 알려줄 뿐이다.

감사의 말

우선 식물에 대한 내 열정을 독자들과 함께할 기회를 얻어 행운이라 생각한다. 하지만 이런 마음과는 별개로 책을 쓰고 사진을 찍는 일은 사실 쉽지 않았고, 많은 시간과 노력이 필요했다. 더군다나 범지구적인 전염병이 세계를 혼란에 빠뜨리는 시기에 말이다. 시간이 날 때마다 틈틈이 글을 써야 하는 형편이라, 가장 먼저 감사 인사를 건네야 할 사람은 내 남편인 숀 할렉이 아닌가 싶다. 숀은 정말 엄청난 이해심과 인내심을 보여주었다. 매일 저녁을 준비해주고 커피와 와인을 수시로 가져다주었으며 주말에는 자신의 시간을 할애해 도와주었으니 집필 기간 동안 가장 큰 역할을 한 인물이라 생각한다. 정말 고마워요, 여보.

그리고 내 어린 조카 헤이든 윅스빈에게도 고맙다고 말하고 싶다. 거의 매일 점심시간마다 영상통화를 하며 힘을 얻을 수 있었다. 네 덕분에 잘 해낼 수 있었단다, 내 꼬마 친구. 그리고 큰 조카이자 헤이든의 누나인 애비 윅스빈에게도 고맙다고 말하고 싶다. 애비는 어린 헤이든을 대신해 매일 전화를 걸어주었다. 휴대전화에 요거트를 너무 많이 묻혀서 미안해!

원예가이자 내 광고관리자인 질 멀라니는 전반적으로 많은 도움을 주었다. 집필과 내 사업(할렉원예)의 균형이 틀어지지 않도록 하는 데 큰 공헌을 한 사람이다. 그녀 없이는 사업을 운영하면서 책도 쓰는 일은 해내지 못했을 것이다. 당신이 최고입니다, 질!

몇 년 전 푸에르토리코에서 했던 장기생태연구(LTER) 프로그램은 정말 소중한 경험이었고, 당시 나를 인턴으로 뽑아준 질 톰스와 샤오밍 추가 아니었다면 그런 기회를 잡을 수 없었을 것이다. 정말 감사한다. 또한 현대의 르네상스 우먼이자 식물학자, 양치식물 연구가인 조앤 M. 샤프의 도움 역시 절대 잊지 못할 것이다. 장기생태연구의 일원인 조앤은 자신이 수집한 방대한 데이터를 공유해주었다. 이렇게 식물에 완전히 빠진 천재들이 아니었다면 나는 절대 초미니 애기장화난초를 발견하지 못했을 것이다.

쾌르토와 쿨스프링스프레스에 있는 모든 이들에게도 감사하고 싶다. 그중에서 편집자 제시카 월리저는 초미니 식물에 대한 내 열정을 함께 공감해준 고마운 사람이다. 또한 아트디렉터 마리사 지암브론은 내 엉뚱한 예술적 상상력을 멋지게 표현해주었다.

멋진 식물과 도구를 찾기 위한 열망에 항상 동참해주는 여러 재배가와 제품 판매자들께도 감사하고 싶다. 이분들 덕분에 내 책의 독자들 역시 나와 같은 기회를 가질 수 있었다.

마지막으로 소중한 치와와복륜금 세 녀석에게 고마움과 미안함을 전하고 싶다. 비주스, 조조, 지글스! 그동안 너무 신경을 못 써줘서 미안해. 분명 너희들도 그렇게 느꼈을 거야. 하지만 걱정하지 말렴. 이제 엄마가 더 열심히 돌봐줄게!

지은이 소개

레슬리 F. 할릭(LESLIE F. HALLECK)은 미국 원예학회(ASHS) 정식 회원이자 전문 원예가이며, 30년간 가정에서 키울 수 있는 교배종을 만드는 데 열정을 바쳤다. 노스텍사스대학교에서 식물학을 전공하고 미시간주립대학교에서 원예농업학 석사를 받았다. 관련 경력에는 식물 분야 연구, 공공 가든, 환경 디자인 유지보수, 가드닝 관련 집필, 가든 센터 매거진, 원예농업과 녹색 산업 컨설팅 활동 등이 있다. 2012년 말에 원예 산업 컨설팅과 마케팅 에이전시인 '할릭원예(Halleck Horticultural)'를 설립하며 온 시간과 정성을 쏟았다. 현재는 UCLA 평생교육원에서 원예학 프로그램 강사로 활동하고 있다.

과거 그녀는 텍사스 주 댈러스의 식물원인 아보레텀 가든에서 원예 연구 이사로, 노스 헤이븐 가든의 총지배인으로 재직한 바 있으며, 현재는 전문적으로 강의를 하고 관련 산업계에 정기적으로 글을 올리는 한편, 자신이 운영하는 홈페이지의 Plantgeek Chic 블로그와 공공 워크숍, 식물교환 기구, 관련 업계 잡지를 통해 일반적인 가드닝 조언과 실질적인 교육을 가정 재배가들에게 제공하고 있다. 그리고 이런 다양한 활동을 하는 와중에서도 신문에 수백 편의 관련 글을 기고했으며, 실내식물 재배가, 화초 재배가, 식용 식물 재배가, 화단 재배가를 위해 수많은 가드닝 프로그램도 만들었다.

집필한 책으로는 『빛에 따른 가드닝: 실내식물 재배가를 위한 완벽한 가이드(Gardening Under Lights: The Complete Guide for Indoor Growers)』(2018)와 『식물 집사 되기: 더 많은 실내식물, 채소, 꽃을 키울 수 있는 간단한 방법(Plant Parenting: Easy Ways to Make More Houseplants, Vegetables, and Flowers)』(2019)이 있다.

현재 그녀는 모든 귀여운 초미니 식물에 완전히 빠져 있다.

찾아보기